Izabela Fuks-Janczarek

Optiques non-linéaires du troisième ordre dans de nouveaux matériaux

Izabela Fuks-Janczarek

Optiques non-linéaires du troisième ordre dans de nouveaux matériaux

Etudes théoriques et expérimentales des effets optiques non-linéaires du troisième ordre

Presses Académiques Francophones

Impressum / Mentions légales
Bibliografische Information der Deutschen Nationalbibliothek: Die Deutsche Nationalbibliothek verzeichnet diese Publikation in der Deutschen Nationalbibliografie; detaillierte bibliografische Daten sind im Internet über http://dnb.d-nb.de abrufbar.
Alle in diesem Buch genannten Marken und Produktnamen unterliegen warenzeichen-, marken- oder patentrechtlichem Schutz bzw. sind Warenzeichen oder eingetragene Warenzeichen der jeweiligen Inhaber. Die Wiedergabe von Marken, Produktnamen, Gebrauchsnamen, Handelsnamen, Warenbezeichnungen u.s.w. in diesem Werk berechtigt auch ohne besondere Kennzeichnung nicht zu der Annahme, dass solche Namen im Sinne der Warenzeichen- und Markenschutzgesetzgebung als frei zu betrachten wären und daher von jedermann benutzt werden dürften.

Information bibliographique publiée par la Deutsche Nationalbibliothek: La Deutsche Nationalbibliothek inscrit cette publication à la Deutsche Nationalbibliografie; des données bibliographiques détaillées sont disponibles sur internet à l'adresse http://dnb.d-nb.de.
Toutes marques et noms de produits mentionnés dans ce livre demeurent sous la protection des marques, des marques déposées et des brevets, et sont des marques ou des marques déposées de leurs détenteurs respectifs. L'utilisation des marques, noms de produits, noms communs, noms commerciaux, descriptions de produits, etc, même sans qu'ils soient mentionnés de façon particulière dans ce livre ne signifie en aucune façon que ces noms peuvent être utilisés sans restriction à l'égard de la législation pour la protection des marques et des marques déposées et pourraient donc être utilisés par quiconque.

Coverbild / Photo de couverture: www.ingimage.com

Verlag / Editeur:
Presses Académiques Francophones
ist ein Imprint der / est une marque déposée de
OmniScriptum GmbH & Co. KG
Heinrich-Böcking-Str. 6-8, 66121 Saarbrücken, Deutschland / Allemagne
Email: info@presses-academiques.com

Herstellung: siehe letzte Seite /
Impression: voir la dernière page
ISBN: 978-3-8381-4974-5

Zugl. / Agréé par: Częstochowa, ECOLE SUPERIEURE DE PEDAGOGIE DE CZĘSTOCHOWA, Institut de Physique, 28/10/2003

Copyright / Droit d'auteur © 2014 OmniScriptum GmbH & Co. KG
Alle Rechte vorbehalten. / Tous droits réservés. Saarbrücken 2014

Introduction générale 3

1. Préface 3
2. Objectif et domaine de la thèse 5

Partie théorique

Chapitre 1. Approche théorique de l'optique non—linéaire 8

1.1. Description phénoménologique des effets optiques non—linéaires 8
1.2. Susceptibilité électrique non-linéaire du troisième ordre 12
    1.2.1. Tenseur de la susceptibilité électrique non-linéaire du troisième ordre 18
    1.2.2. Contribution électronique et moléculaire de la susceptibilité électrique non-linéaire du troisième ordre 19
    1.2.3. Hyperpolarisabilité optique du second ordre 20
1.3. Processus multiphotoniques 23
1.4. Absorption de la lumière 24

Chapitre 2. Phénomène de la conjugaison optique de phase 26

2.1. Conjugaison de phase 26
    2.1.1. Application du phénomène de la conjugaison optique de phase 30

Chapitre 3. Méthodes quantiques-chimiques élementaires 32

3.1. Méthodes des calculs dans la chimie quantique 33
3.2. Équations de Hartree-Fock 34
    3.2.1. Méthode de l'interaction entre le configurations (CI) 39
    3.2.2. Théorie des orbitales moléculaires et des liaisons de valence 42
3.3. Calculs théoriques des propriétés optiques non-linéaires 44
3.4. Création du modèle de la molécule et la présentation graphique des molécules dans le programme HyperChem 50

Chapitre 4. Propriétés chimiques des composés organiques 53

4.1. Liaisons chimiques et structure des composés organiques 53
4.2. Propriétés des molécules 60

Partie expérimentale

Chapitre 5. Méthode de mesure de la susceptibilité électrique non-linéaire du troisième ordre 62

5.1. Mélange quatre ondes dégénéré 62

5.2. Méthode de mesure de la transmission en fonction de l'intensité incidente 67

5.3. Étalonnage du système mélange quatre ondes dégénéré 68

Résultats expérimentaux et discussion

Chapitre 6. Résultats expérimentaux du mélange quatre ondes dégénéré et résultats théoriques 71

6.1. Résultats expérimentaux pour les fullerènes modifiés 71

6.2. Résultats expérimentaux pour les polyènes conjugués 95

6.3. Résultats expérimentaux pour les oligothiénylènevinylènes 111

Conclusion 131

Références 136

Introduction

1. Préface

La dynamique du développement de la civilisation au XX siècle a apporté un immense progrès dans plusieurs domaines de la science, aussi en optique. Il est vrai que les prévisions théoriques du début du siècle suggéraient la possibilité de la présence des interactions non-linéaires entre la lumière et le milieu matériel [1, 2], mais ce ne sont que les lasers, construits à partir de 1960, qui ont permis aux physiciens d'étudier de nouveaux phénomènes résultants de l'interaction entre le rayonnement laser et la matière. C'est alors qu'un nouveau domaine de la physique, appelé la physique non-linéaire, est apparu. L'optique non-linéaire recouvre tous les phénomènes qui ne satisfont pas au principe de la superposition des ondes lumineuses, c'est-à-dire ceux dont les propriétés optiques du milieu dépendent de l'intensité de la lumière incidente. En conséquence de ces interactions, de nouveaux et très intéressants effets apparaissent, tels que: le multiplexage de la fréquence de l'onde électromagnétique, l'autofocalisation de la lumière, la saturation de l'absorption, l'effet Faraday ou la diffusion de la lumière de Raman.

La production des harmoniques optiques et les processus de mélange de la fréquences de la lumière laser sont à la base d'une nouvelle et prometteuse méthode de l'étude des propriétés physiques de nouveaux matériaux. Il s'agit avant tout de l'étude de la dispersion optique, de la position et de l'intensité des bandes d'absorption, de la détermination de la symétrie microscopique et macroscopique des corps, de leurs structures et aussi de la détermination théorique et expérimentale des susceptibilités optiques non-linéaires. À partir de la contribution à la connaissance des mécanismes d'interaction entre le rayonnement électromagnétique à une grande intensité et la matière, les études effectuées dans le domaine de l'optique non-linéaire ont eu de nombreuses et importantes applications scientifiques et technologiques. Par exemple, ce sont les applications des processus optiques non-linéaires où les effets optiques non-linéaires du troisième ordre, présentés dans cette thèse ont la plus grande importance. Car les composantes imaginaires du tenseur de la susceptibilité du troisième ordre décrivent l'échange d'énergie entre l'onde électromagnétique et le milieu, par exemple dans les processus de la diffusion Raman (SRS), de la diffusion Brillouin (SBS), de l'absorption biphotonique (TPA). À la base de ces effets, il est possible de construire des dispositifs optiques d'un bon rendement tels que: les amplificateurs optiques [3, 4].

La présente thèse de doctorat concerne les études expérimentales et les calculs théoriques pour un groupe choisi de matériaux organiques, tels que: les fullerènes, les polyènes conjuguées et aussi les oligothiénylènevinylènes.

Ces composés ont été obtenus au cours de cinq dernières années dans quelques laboratoires français. C'est un groupe unique et spécifique des matériaux organiques à cause de leur structure chimique qui favorise l'accroissement des effets optiques non-linéaires du troisième ordre. Les molécules de ces matériaux possèdent un vaste système de liaisons multiples qui est favorable à une forte délocalisation des électrons sous l'influence d'un champ électromagnétique intense. Les propriétés des composés étudiés dans cette thèse résultent aussi de leur structure électronique et, en particulier, des interactions et du caractère spécifique du système de liaisons de carbone conjuguées π (les systèmes organiques conjugués sont capables de transférer les électrons) et aussi des interactions entre ces liaisons et ligands éventuels [5]. Tous les matériaux présentés dans cette thèse démontrent de fortes propriétés optiques non-linéaires du troisième ordre. Dans le cas des oligothiénylènevinylènes et des polyènes conjuguées, ces propriétés résultent du caractère du système des liaisons de carbone conjuguées π, et en particulier, de la délocalisation des électrons qui accroît la capacité du système à la polarisation, en comparaison avec les systèmes saturés [6]. Dans le cas des fullerènes modifiés, les interactions entre la partie accepteur de la molécule, constituée par la structure du fullerène, et la partie donneur TTF, jointe par l'intermédiaire de la chaîne de carbone, sont la source des propriétés optiques non-linéaires de ces matériaux.

Les études théoriques et expérimentales de la conductibilité des systèmes conjuguées ont prouvé que l'électron est transféré à travers l'écart énergétique entre l'orbitale moléculaire occupée de plus haute énergie (HOMO) et l'orbitale moléculaire vide de plus basse énergie (LUMO) [7 — 9]. Conformément à ce qu'on attendait, il s'est avéré que l'allongement du système conjuguée de liaisons doubles par rapport à l'axe principal de la molécule, améliore les propriétés électriques (l'accroissement de l'asymétrie de la distribution de la densité électronique) aussi bien que les propriétés optiques (l'accroissement de la valeur des paramètres qui décrivent la réponse non-linéaire du milieu) des matériaux organiques étudiés.

2. Objectif et champ de la thèse

L'étude des matériaux organiques avec en perspective leur application dans les dispositifs optiques non-linéaire est un domaine de la physique expérimentale qui se développe d'une façon expansive [10, 11]. C'est pourquoi la thèse présentée se concentre, avant tout, sur les études au cours desquelles on a déterminé les propriétés optiques non-linéaires du troisième ordre pour les polyènes conjuguées synthétisées, pour les oligothiénylènevinylènes et pour les fullerènes modifiés par les substituants donneurs. Tous les matériaux étudiés dans ce travail proviennent de deux laboratoires: du Laboratoire d'Ingénierie Moléculaire et des Matériaux Organiques de l'Université d'Angers et du Laboratoire de Chimie de l'Université de Lyon. De part leur structure chimique ils représentent trois groupes différents de nouveaux composés organiques.

Cette thèse a eu pour but de déterminer l'influence de la structure chimique des matériaux organiques (nature des substituants et du nombre des liaisons de carbone) sur les propriétés optiques non-linéaires du troisième ordre. Par conséquent, on a precisé les valeurs des grandeurs physiques suivantes: les coefficients de l'absorption de la lumière linéaire et non-linéaire, le coefficient de l'hyperpolarisabilité optique du second ordre et aussi le facteur de la qualité (coefficient de mérite) optique non-linéaire.

Notre but a été aussi de vérifier les calculs théoriques effectués par les méthodes semi-empiriques de la chimie quantique qui sont accessibles dans le programme HyperChem. Nous nous sommes servis des méthodes semi-empiriques de la chimie quantique (AM1 et PM3) pour déterminer les structures géometriques optimales et les grandeurs phisico-chimiques des composés organiques étudiés. Pour ces composés on a calculé les paramètres moléculaires qui font partie des descripteurs quantiques. Notre intention est, avant tout, de déterminer la valeur de l'énergie des niveaux HOMO — LUMO ainsi que la valeur de l'écart énergétique et des moments dipolaires pour les composés considérés individuellement. À partir des valeurs des moments dipolaires calculées, on a déterminé les valeurs théoriques de l'hyperpolarisabilité optique du second ordre .

L'experience à été faite dans Laboratoire des Propriétés Optiques des Matériaux et Applications à l'Université d'Angers. Pour étudier les propriétés optiques non-linéaires, on s'est servi de la méthode du mélange quatre ondes dégénéré *(ang. DFWM — Degenerate Four Wave Mixing)*. Les échantillons étudiés ont été mis à l'action de la lumière du laser à mpulsions Nd : YAG qui délivre les impulsions d'une durée de 30 ps à la longueur d'onde 532 nm. Les expériences se déroule en deux étapes:

- la mesure de la transmission de la lumière et, à la base de cela, la détermination des coefficients d'absorption linéaire et non-linéaire de la lumière;

- la mesure du rendement du mélange quatre ondes en fonction de l'intensité du faisceau pompe par la méthode *DFWM* et, à la base de cela, la détermination de la susceptibilité électrique non-linéaire du troisième ordre $\chi^{<3>}$;

Au debut de nos expériences, les resultants obtenus par la technique DFWM pour les composés étudiés dans la présente thèse restaient inconnus.

La thèse présente est consacrée à l'étude systématique des propriétés optiques non-linéaires du troisième ordre des matériaux organiques et aussi à la determination des relations entre ces propriétés et leurs structure chimique et électronique.

Voilà, la structure de ce these:

- Le premier chapitre est consacré à l'explication des notions et des grandeurs physiques fondamentales qui seront discutées dans ce thèse. Nous avons introduit les notions de la susceptibilité électrique non-linéaire du troisième ordre $\chi^{<3>}$ et de l'hyperpolarisabilité optique du second ordre γ^* et nous avons décrit leurs propriétés physiques élémentaires. On a aussi exposé la méthode standard de la description de l'interaction entre milieu électrique et le rayonnement électromagnétique à une grande puissance;

- Dans le deuxième chapitre nous avons présenté la méthode expérimentale appliquée à la détermination de la susceptibilité ordre troisdans les cas des matières organiques et appuyée sur le mélange quatre ondes dégénéré. On a aussi présenté les bases théoriques de cette méthode. Dans la dernière partie du chapitre on a présenté les exemples de l'emploi du processus de la conjugaison optique de phase.

- Dans le troisième chapitre nous avons présenté les questions liées aux calculs chimiques-quantiques. Les problèmes discutés concernent les méthodes fondamentales du calcule dans la chimie quantique et nous nous sommes intéressés plus particulièrement aux méthodes semi-empiriques telles que: AM1 et PM3. Nous avons utilisé ces méthodes pour déterminer les valeurs des moments dipolaires et aussi pour déterminer la valeur de l'énergie des niveaux

HOMO (l'orbitale moléculaire occupée de plus haute énergie) et LUMO (l'orbitale moléculaire vide de plus basse énergie).

- Le quatrième chapitre est consacré à la présentation des types des liaisons chimiques qui sont caractéristiques pour les matériauxl oraganiques. Nous avons présenté le processus de la formation des orbitales moléculaires des orbitales atomiques et aussi on a décrit la structure des composés organiques.

- Dans le chapitre cinqième nous avons présenté la méthode expérimentale dont nous nous sommes servis pour déterminer les propriétés optiques non-linéaires du troisième ordre dans les fullerènes modifiés, les polyènes conjuguée et les oligothiénylènevinylènes. Nous avons présenté la description de l'ensemble expérimental qui sert à mesurer le rendement du mélange quatre ondes et la transmission de la lumière.

- Dans le chapitre sixième nous avons présenté les résultats des mesures expérimentales qui concernent la valeur des coefficients optiques non-linéaires du troisième ordre et aussi les calculs qui ont été effectués pour les fullerèns modifiés, les polyènes conjuguées et pour les oligothiénylènevinylènes.

- La conclusion et les rèférences font l'objet du dernier chapitre.

Chapitre 1. Approche théorique de l'optique non—linéaire

Le premier chapitre est consacré à l'explication des notions et des grandeurs physiques fondamentales qui seront discutées dans ce thèse. Nous avons introduit les notions de la susceptibilité électrique d'ordre du troisième $\chi^{<3>}$ et l'hyperpolarisabilité d'ordre deux γ^* et nous rappelons leurs propriétés physiques élémentaires. La méthode standarde de la description de l'interaction du milieu électrique avec le rayonnement électromagnétique à une grande puissance est aussi exposé.

1.1. Description phénoménologique des effets optiques non—linéaires

Les phénomènes électromagnétiques dans le milieu matériel sont décrits par l'équation de Maxwell [12] qui s'écrit (dans le système u.e.s.C.G.S.):

$$\nabla \times \vec{E} = -\frac{1}{c} \cdot \frac{\partial \vec{B}}{\partial t} \tag{1.1}$$

$$\nabla \times \vec{H} = \frac{1}{c} \cdot \frac{\partial \vec{D}}{\partial t} \tag{1.2}$$

$$\nabla \cdot \vec{D} = 0 \tag{1.3}$$

$$\nabla \cdot \vec{B} = 0 \tag{1.4}$$

où: $\vec{B}$ — le vecteur de l'induction magnétique,

$\vec{D}$ — le vecteur de l'induction électrique,

$\vec{E}$ — le vecteur champ électrique,

$\vec{H}$ — le vecteur de l'intensité magnétique,

t — le durée,

c — la vitesse de la lumière dans le vide.

En tenant compte de la représentation phénoménologique, les équations sont completées par des equations de constitutions qui sont sous la forme [13] suivant:

$$\vec{D} = \vec{E} + 4 \cdot \pi \cdot \vec{P} \tag{1.5}$$

$$\vec{B} = \mu_0 \cdot \vec{H} + \vec{M} \tag{1.6}$$

où : $\vec{P}$ — désigne la polarisation électrique du milieu,

$\vec{M}$ — désigne la magnétisation,

μ_0 — la perméabilite magnétique du vide.

En général, la polarisation du milieu $\vec{P}$ correspond à la somme de deux composantes: la première est linéaire et la second est non-linéaire:

$$\vec{P} = \vec{P}_L + \vec{P}_{NL} \tag{1.7}$$

Il existe beaucoup de cas où l'intensité du champs électrique agissant sur la matériau n'est pas grande (les intensités du champ électrique des sources classiques de la lumière sont de 10^3 à 10^5 V/m) et la polarisation électrique $\vec{P}$ provoquée par ce champ est une fonction linéaire de l'intensité du champ électrique $\vec{E}$. Dans le cas le plus simple, on peut écrire la relation entre $\vec{P}$ et $\vec{E}$, en appliquant la convention des sommes d'Einstein, de la façon suivante [14]:

$$P_i(\vec{r},t) = \chi_{ij}^{<1>} \cdot E_j(\vec{r},t) \tag{1.8}$$

Où: E_j — désigne la composante de l'intensité du champ électrique.

La grandeur $\chi_{ij}^{<1>}$ est nommée la susceptibilité électrique linéaire du milieu et, en général, elle constitue le tenseur du deuxième rang. D'après les termes de l'expression (1.8) il résulte que le moment dipolaire, induit au point r et à l'instant t, dépend essentiellement de la valeur instantanée de l'intensité du champ électrique en ce point.

En effet la polarisation du milieu dépend aussi des valeurs prises par le champ électrique dans les instants $t' < t$ en différents points $\vec{r}'$ de l'environnement du point $\vec{r}$ [14]:

$$P_i(\vec{r},t) = \int d^3\vec{r}' \cdot \int_{-\infty}^{t} dt' \cdot \chi_{ij}^{<1>}(\vec{r}-\vec{r}',t-t') \cdot E_j(\vec{r}',t') \tag{1.9}$$

Dans les calculs pratiques, le caractère local de la relation entre la polarisation électrique $\vec{P}$ du milieu et l'intensité du champ électrique $\vec{E}$ est une approximation suffisante décrite par l'expression (1.8).

Soumis à des champs électriques de grandes intensités, les atomes ou des molécules changent de propriétés. Par conséquent l'environnement matériel dans son ensable change aussi de propriétés. Dans ces conditions la polarisation électrique du milieu est une fonction complexe du champ $\vec{E}$. On peut attribuer la même chose à la polarisation magnétique du milieu $\vec{M}$. Alors, quand les champs électriques de grandes intensités sont appliqués, en plus de la polarisation linéaire donnée par l'expression (1.8), une polarisation supplémentaire apparaît. Elle dépend de l'intensité du champ $\vec{E}$ d'une façon non-linéaire [14]:

$$P_{NL,i}(\vec{r},t) = \chi_{ijk}^{<2>} \cdot E_j E_k(\vec{r},t) + \chi_{ijkl}^{<3>} \cdot E_j E_k E_l(\vec{r},t) + \ldots \quad (1.10)$$

où: $\chi_{ijk}^{<2>}$ — le tenseur de la susceptibilité électrique non-linéaire du deuxième rang,

$\chi_{ijkl}^{<3>}$ — le tenseur de la susceptibilité électrique non-linéaire du troisième rang [1],

E_k, E_l — les composantes de l'intensité du champ électrique.

S'il existe quelques champs électriques qui agissent sur le milieu en même temps:

$$\vec{E}(\vec{r},t) = \sum_a \vec{E}_a(\vec{r},t) \quad (1.11)$$

par l'approximation linéaire (1.8) la polarisation électrique sera la résulatante des polarisations provoquées par les champs électriques particuliers. Alors, la polarisation linéaire ne provoque aucune interaction entre les champs particuliers dans le milieu.

Dans ce cas, les résolutions de l'équation de Maxwell obéissent au principe de superposition, et tous les effets optiques qui se conforment à ce principe, sont appelés les effets optiques linéaires. Dans l'optique linéaire, l'indice de réfraction de la lumière est une grandeur constante pour un matériau donné et il ne dépend pas de l'intensité de la lumière incidente.

C'est déjà démontré qu'un faisceau laser intense peut induire: une changement de l'indice de réfraction, et aussi d'autres effets optiques non-linéaires [13, 15, 19 — 21].

---

[1] En fonction du contexte, dans la partie ultérieure de cette thèse, la susceptibilité électrique non-linéaire du troisième ordre sera décrite de deux façon: phénoménologique ou tensoriel.

Dans les cas des matériaux qui font preuve de l'existance de la polarisation non-linéaire, exprimée par l'expression (1.10), le principe de superposition n'est pas en vigueur car les champs électriques influencent les un et les autres d'une façon réciproque et aussi ils interagissent avec le milieu non-linéaire [15].

En fonction du caractère de l'interaction entre le rayonnement électromagnétique et le matériau, nous pouvons distinguer trois groupes des effets optiques:

❖ les effets optiques décrits par la susceptibilité électrique $\chi_{ij}^{<1>}$ qui satisfont à la relation $P_i^{<1>}(\vec{r},t) = \chi_{ij}^{<1>} \cdot E_j(\vec{r},t)$, ils sont nommés les effets linéaires. On trouve parmi eux:
- l'absorption linéaire de la lumière,
- la propagation de la lumière dans le milieu non-absorbant.

❖ les effets optiques décrits par la susceptibilité électrique $\chi_{ijk}^{<2>}$ qui satisfont à la relation $P_i^{<2>}(\vec{r},t) = \chi_{ijk}^{<2>} \cdot E_j E_k(\vec{r},t)$. Ils appartiennent au groupe des effets optiques du deuxième ordre. Parmi eux on trouve [15]:
- la génration de la fréquence représentant la somme $\omega_1 + \omega_2$, nommée souvent la fréquence des sommes [16],
- la génération du deuxième harmonique de la lumière [13, 15],
- l'effet électro-optique linéaire (l'effet de Pockels) [15],
- l'effet électro-optique inverse (le redressement optique) [17],
- la génération trois ondes de la fréquence dégénérée représentant la différence $\omega_1 - \omega_2$ [18],
- le mélange paramétrique de trois ondes [13].

❖ les effets optiques décrits par la susceptibilité électrique $\chi_{ijkl}^{<3>}$ qui satisfont à la relation $P_i^{<3>}(\vec{r},t) = \chi_{ijkl}^{<3>} \cdot E_j E_k E_l(\vec{r},t)$. Ils font partie du groupe des effets optiques du troisième ordre. On trouve parmi eux:
- le mélange quatre ondes dégénéré [19 — 21],
- la génération du troisième harmonique [22, 23],
- l'effet Kerr électro-optique non-linéaire du deuxième ordre [24],
- la diffusion stimulée de Raman [25],
- la diffusion stimulée de Brillouin [26].

1.2. Susceptibilité électrique non-linéaire du troisième ordre

Les réflexions sur la polarisation électrique non-linéaire du troisième ordre constituent l'objet de la thèse présente $P_i^{<3>}$. Si l'on prend en considération la situation où trois ondes monochromatiques se propagent dans le milieu matériel, on peut décrire leur champ électrique résultant sous la forme [12]:

$$\vec{E}(t) = \vec{E}_1 \cdot e^{-i\omega_1 t} + \vec{E}_2 \cdot e^{-i\omega_2 t} + \vec{E}_3 \cdot e^{-i\omega_3 t} + cc \qquad (1.12)$$

Dans ce cas, la polarisation du milieu $P_i^{<3>}(t) = \chi_{ijkl}^{<3>} \cdot E_j E_k E_l(t)$ contient 44 composantes aux fréquences:

$$\omega_1, \omega_2, \omega_3, 3\omega_1, 3\omega_2, 3\omega_3, (\omega_1 + \omega_2 + \omega_3), (\omega_1 + \omega_2 - \omega_3),$$
$$(\omega_1 + \omega_3 - \omega_2), (\omega_2 + \omega_3 - \omega_1), (2\omega_1 \pm \omega_2), (2\omega_1 \pm \omega_3),$$
$$(2\omega_2 \pm \omega_1), (2\omega_2 \pm \omega_3), (2\omega_3 \pm \omega_1), (2\omega_3 \pm \omega_2,)$$

On peut exprimer alors la polarisation électrique non-linéaire du troisième ordre sous la forme de la somme:

$$\vec{P}^{<3>}(t) = \sum_n \vec{P}(\omega_n) \cdot e^{-i\omega_n t} \qquad (1.13)$$

Dans le cas des milieux isotropes, optiquement vides, l'interaction non-linéaire des ondes électromagnétiques n'apparaît qu'après avoir pris en considération la polarisation électrique non-linéaire du troisième ordre qu'on peut écrire sous la forme:

$$P_i^{<3>}(\vec{r},t) = \sum \chi_{ijkl}^{<3>} \cdot \vec{E}_j(\vec{r},t) \cdot \vec{E}_k(\vec{r},t) \cdot \vec{E}_L(\vec{r},t) \qquad (1.14)$$

Où: $\chi_{ijkl}^{<3>}$ — le tenseur (du quatrième ordre) de la susceptibilité électrique non-linéaire du troisième ordre.

Les composantes du tenseur $\chi_{ijkl}^{<3>}$ sont différentes de zéro aussi dans les cas des milieux isotropes, car nous avons [14]:

$$\chi_{ijkl}^{<3>} = \chi_{iijj}^{<3>} \cdot \delta_{ij} \cdot \delta_{kl} + \chi_{ijij}^{<3>} \cdot \delta_{ik} \cdot \delta_{jl} + \chi_{jiij}^{<3>} \cdot \delta_{il} \cdot \delta_{kj} \qquad (1.15)$$

à la condition qu'on satisfasse à la relation suivante:

$$\chi_{iiii}^{<3>} = \chi_{jjjj}^{<3>} = \chi_{kkkk}^{<3>} = \chi_{iiij}^{<3>} + \chi_{jjjj}^{<3>} + \chi_{kkkk}^{<3>} \tag{1.16}$$

Si trois ondes électromagnétiques aux la fréquence des vibration $\omega_1, \omega_2, \omega_3$ et aux vecteurs d'ondes $\vec{k}_1, \vec{k}_2, \vec{k}_3$ sont incidenetes à un milieu non linéaire. L'interaction de ces trois ondes avec ce milieu génère une polarisation du troisième ordre. Cette polarization électrique du troisième ordre fait apparaître le terme interferentiel $P_i^{<3>}(\omega_4, \vec{k}_4) \cdot e^{i(\vec{k}_4 \cdot \vec{r} - \omega_4 \cdot t)}$, dans lequel [15]:

$$P_i^{<3>}(\omega_4, \vec{k}_4) = \chi_{ijkl}^{<3>}(-\omega_4, \omega_1, \omega_2, \omega_3) \cdot E_j(\omega_1, \vec{k}_1) \cdot E_k(\omega_2, \vec{k}_2) \cdot E_L(\omega_3, \vec{k}_3) \tag{1.17}$$

à condition de satisfaire à la coïncidence spatiale et temporelle:

$$\omega_4 = \omega_1 + \omega_2 + \omega_3 \tag{1.17a}$$

$$\vec{k}_4 = \vec{k}_1 + \vec{k}_2 + \vec{k}_3 \tag{1.17b}$$

Le tenseur de la susceptibilité du troisième ordre $\chi_{ijkl}^{<3>}$ obéit aux relations spatiales et temporelles suivantes:

$$\begin{aligned}\chi_{ijkl}(-\omega_4, \omega_1, \omega_2, \omega_3) &= \chi_{ijkl}(\omega_1, -\omega_4, \omega_2, \omega_3) = \\ &= \chi_{ijkl}(\omega_2, -\omega_4, \omega_1, \omega_3) = \chi_{ijkl}(\omega_3, -\omega_4, \omega_1, \omega_2)\end{aligned} \tag{1.17c}$$

Les relations susdites nous permettent d'exprimer en même temps et d'une façon arbitraire les fréquences $\omega_4, \omega_1, \omega_2, \omega_3$ et leurs indices i, j, k, représentant les coordonées x, y, z. En général, l'équation (1.16) s'exprime de la façon suivante [15]:

$$\chi_{ijkl}(-\omega_4, \omega_1, \omega_2, \omega_3) = K(\omega_4) \cdot \chi_{ijkl}^*(-\omega_4, \omega_1, \omega_2, \omega_3) \tag{1.17d}$$

Où: $K(\omega_4)$ — le coefficient de dégéneration aux valeurs suivantes:

$$K(\omega_4) = \begin{cases} 1, & gdy \quad \omega_1 = \omega_2 = \omega_3 \\ 3, & gdy \quad \omega_1 = \omega_2 \neq \omega_3 \\ 6, & gdy \quad \omega_1 \neq \omega_2 \neq \omega_3 \end{cases} \tag{1.18}$$

La susceptibilité électrique non-linéaire du troisième ordre est un tenseur du quatrième ordre et il dépend de la fréquence des champs électriques externesrieurs qui interagissent avec le milieu. Les composantes de la polarisation non-linéaire peuvent être écrites sous la forme :

$$P_i^{<3>}(\omega_1+\omega_2+\omega_3) = K \cdot \chi_{ijkl}^{<3>} \cdot (\omega_1+\omega_2+\omega_3, \omega_1, \omega_2, \omega_3) \cdot E_j(\omega_1) \cdot E_k(\omega_2) \cdot E_l(\omega_3) \quad (1.19)$$

La polarisation électrique non-linéaire du troisième ordre qui est égale dans ce cas à la somme des fréquences $\omega_4 = \omega_1 + \omega_2 + \omega_3$, est la source d'une nouvelle onde à la fréquence ω_4. Les amplitudes complexes de la polarisation $\vec{P}(\omega_n)$ pour les fréquences positives, c'est à dire pour pour celles dont la direction est la même que la direction de la propagation des ondes, peuvent être décrites à l'aide de l'équation suivante (1.20) [12, 27].

$$\vec{P}(\omega_1) = \chi^{<3>} \cdot (3\vec{E}_1\vec{E}_1^* + 6\vec{E}_2\vec{E}_2^* + 6\vec{E}_3\vec{E}_3^*) \cdot \vec{E}_1;$$
$$\vec{P}(\omega_2) = \chi^{<3>} \cdot (6\vec{E}_1\vec{E}_1^* + 3\vec{E}_2\vec{E}_2^* + 6\vec{E}_3\vec{E}_3^*) \cdot \vec{E}_2;$$
$$\vec{P}(\omega_3) = \chi^{<3>} \cdot (6\vec{E}_1\vec{E}_1^* + 6\vec{E}_2\vec{E}_2^* + 3\vec{E}_3\vec{E}_3^*) \cdot \vec{E}_3;$$
$$\vec{P}(3\omega_1) = \chi^{<3>} \cdot \vec{E}_1\vec{E}_1\vec{E}_1;$$
$$\vec{P}(3\omega_2) = \chi^{<3>} \cdot \vec{E}_2\vec{E}_2\vec{E}_2;$$
$$\vec{P}(3\omega_3) = \chi^{<3>} \cdot \vec{E}_3\vec{E}_3\vec{E}_3;$$
$$\vec{P}(\omega_1+\omega_1+\omega_3) = 6\chi^{<3>} \cdot \vec{E}_1\vec{E}_2\vec{E}_3;$$
$$\vec{P}(\omega_1+\omega_1-\omega_3) = 6\chi^{<3>} \cdot \vec{E}_1\vec{E}_2\vec{E}_3^*;$$
$$\vec{P}(\omega_1+\omega_3-\omega_2) = 6\chi^{<3>} \cdot \vec{E}_1\vec{E}_2^*\vec{E}_3;$$
$$\vec{P}(2\omega_1+\omega_2) = 3\chi^{<3>} \cdot \vec{E}_1\vec{E}_1\vec{E}_2;$$
$$\vec{P}(2\omega_2+\omega_1) = 3\chi^{<3>} \cdot \vec{E}_2\vec{E}_2\vec{E}_1;$$
$$P(\omega_2+\omega_3-\omega_1) = 6\chi^{<3>} \cdot \vec{E}_2\vec{E}_3\vec{E}_1^*;$$
$$\vec{P}(2\omega_1+\omega_3) = 3\chi^{<3>} \cdot \vec{E}_1\vec{E}_1\vec{E}_3;$$
$$\vec{P}(2\omega_2+\omega_3) = 3\chi^{<3>} \cdot \vec{E}_2\vec{E}_2\vec{E}_3;$$
$$\vec{P}(2\omega_3+\omega_2) = 3\chi^{<3>} \cdot \vec{E}_3\vec{E}_3\vec{E}_2;$$
$$\vec{P}(2\omega_1-\omega_2) = 3\chi^{<3>} \cdot \vec{E}_1\vec{E}_1\vec{E}_3^*;$$
$$\vec{P}(2\omega_3+\omega_1) = 3\chi^{<3>} \cdot \vec{E}_3\vec{E}_3\vec{E}_1;$$
$$\vec{P}(2\omega_1-\omega_3) = 3\chi^{<3>} \cdot \vec{E}_1\vec{E}_1\vec{E}_3^*;$$
$$\vec{P}(2\omega_2-\omega_1) = 3\chi^{<3>} \cdot \vec{E}_2\vec{E}_2\vec{E}_1^*;$$
$$\vec{P}(2\omega_3-\omega_1) = 3\chi^{<3>} \cdot \vec{E}_3\vec{E}_3\vec{E}_1^*;$$
$$\vec{P}(2\omega_2-\omega_3) = 3\chi^{<3>} \cdot \vec{E}_2\vec{E}_2\vec{E}_3^*;$$
$$\vec{P}(2\omega_3-\omega_2) = 3\chi^{<3>} \cdot \vec{E}_3\vec{E}_3\vec{E}_2^*;$$

(1.20)

Les coefficients de dégénérescence 1, 3, 6 proviennent du nombre des permutations des champs qui introduisent un apport à la composante de l'intensité du champ électromagnétique et ils sont décrits par l'expression (1.18). Les composantes particulières de la polarisation sont responsables de différents effets non-linéaires qui se produisent dans le milieu.

La figure 1.1. illustre à titre d'exemples de deux processus qui se produisent dans la matériau non-linéaire dans laquel se propagent trois ondes électromagnétiques.

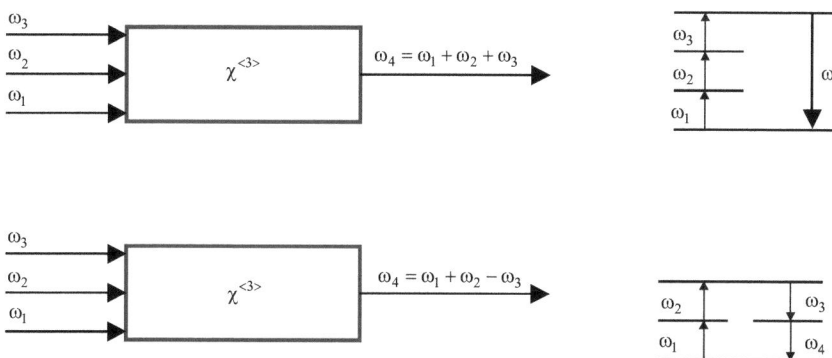

Figure 1.1. Exemples de deux processus qui peuvent se produire à la condition que les trois ondes incidentes interagissent avec le milieu non-linéaire [27].

Quand toutes les quatre ondes, qui interagissent dans le milieu aux propriétés optiques non-linéaires, sont de la même fréquence, la polarisation non-linéaire, qui décrit le processus de l'interaction de ces ondes, a trois composantes en général,:

$$\vec{P}^{<3>}(\omega) = \vec{P}^{<3>}(\vec{k}_1 + \vec{k}_2 - \vec{k}_3) + \vec{P}^{<3>}(\vec{k}_1 - \vec{k}_2 + \vec{k}_3) + \vec{P}^{<3>}(-\vec{k}_1 + \vec{k}_2 + \vec{k}_3) \qquad (1.21)$$

où:

$$\vec{P}^{<3>}_{(\omega)}(\vec{k}_1 + \vec{k}_2 - \vec{k}_3) = \chi^{<3>}_{(\omega)} \cdot \vec{E}(\vec{k}_1) \cdot \vec{E}(\vec{k}_2) \cdot \vec{E}^*(\vec{k}_3)$$
$$\vec{P}^{<3>}_{(\omega)}(\vec{k}_1 - \vec{k}_2 + \vec{k}_3) = \chi^{<3>}_{(\omega)} \cdot \vec{E}(\vec{k}_1) \cdot \vec{E}^*(\vec{k}_2) \cdot \vec{E}(\vec{k}_3) \qquad (1.22)$$
$$\vec{P}^{<3>}_{(\omega)}(-\vec{k}_1 + \vec{k}_2 + \vec{k}_3) = \chi^{<3>}_{(\omega)} \cdot \vec{E}^*(\vec{k}_1) \cdot \vec{E}(\vec{k}_2) \cdot \vec{E}(\vec{k}_3)$$

Les champs $\vec{E}(\vec{k}_1)$, $\vec{E}(\vec{k}_2)$, $\vec{E}(\vec{k}_3)$ constituent les intensités des ondes incidentes primaires dans le milieu non-linéaire, et le tenseur $\chi_\omega^{<3>}$ est le même pour toutes les trois ondes.

Par suite de l'interaction entre les trois ondes incidentes et le milieu non-linéaire, trois types de réseaux peuvent y être formés (comme le résultat de l'interférence), en tenant compte du fait que $\vec{k}_1 = -\vec{k}_2$ [13]. Les cas suivants sont possibles:

1) Le réseau est formé par les ondes aux vecteurs d'ondes $\vec{k}_1$ et $\vec{k}_3$, et il difracte l'onde au vecteur d'onde $\vec{k}_2$. La diffraction de cette onde détermine la création d'une onde sonde: $\vec{k}_4 = \vec{k}_2 \pm (\vec{k}_1 - \vec{k}_3)$. Cette situation peut entraîner la création de deux ondes générées: $\vec{k}_4 = -\vec{k}_3$; $\vec{k}_4 = -2\cdot\vec{k}_1 + \vec{k}_3$;

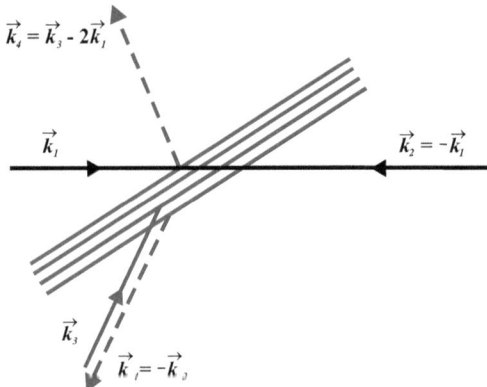

2) Le réseau est formé par les ondes aux vecteurs d'ondes $\vec{k}_2$ et $\vec{k}_3$, et il difracte l'onde au vecteur d'onde $\vec{k}_1$. La diffraction détermine la création d'une onde sonde $\vec{k}_4 = \vec{k}_1 \pm (\vec{k}_2 - \vec{k}_3)$. Cette situation peut entraîner la création de deux ondes générées: $\vec{k}_4 = -\vec{k}_3$; $\vec{k}_4 = \vec{k}_3 + 2\cdot\vec{k}_1$;

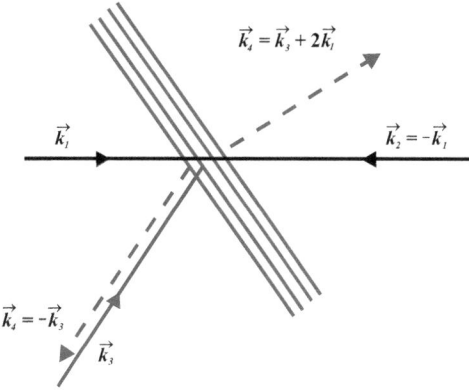

3) Le réseau est formé par les ondes aux vecteurs d'ondes $\vec{k}_1$ et $\vec{k}_2$, et il difracte l'onde au vecteur d'onde $\vec{k}_3$. La diffraction détermine la création d'une onde sonde $\vec{k}_4 = \vec{k}_3 \pm (\vec{k}_1 - \vec{k}_2)$. Cette situation peut entraîner la création de deux ondes générées: $\vec{k}_4 = \vec{k}_3 + 2 \cdot \vec{k}_1$, $\vec{k}_4 = \vec{k}_3 - 2 \cdot \vec{k}_1$;

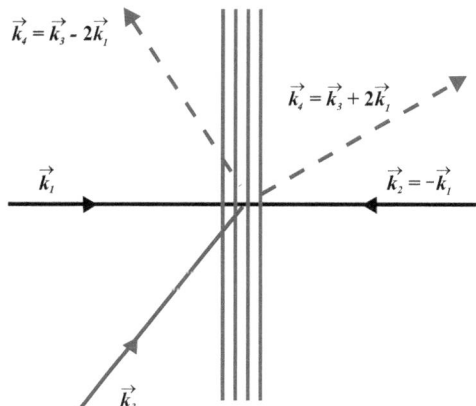

1.2.1. Tenseur de la susceptibilité électrique non-linéaire du troisième ordre

En général les composantes du tenseur de la susceptibilité du troisième ordre sont complexes [28]:

$$\chi^{<3>} = \chi'^{<3>} + i\chi''^{<3>} \qquad (1.23)$$

où: $\chi'^{<3>}$ — le partie réelle du tenseur de la susceptibilité du troisième ordre est responsable des variations non-linéaires de l'indice de réfraction;

$\chi''^{<3>}$ — la partie imaginaire du tenseur de la susceptibilité du troisième ordre est liée aux phénomènes d'absorption non-linéaire de la lumière et aussi à la diffusion stimulée.

La valeur de la susceptibilité d'ordre trois dépend de la fréquence des ondes en interaction. Ainsi, en mesurant de la susceptibilité d'ordre trois dans le processus de la génération de la troisième harmonique $\chi^{<3>}(3\omega, \omega, \omega, \omega)$ et dans le processus du mélange quatre ondes dégénéré, $\chi^{<3>}(\omega, \omega, \omega, -\omega)$, on obtient de différentes valeurs de $\chi^{<3>}$.

La partie imaginaire de la susceptibilité d'ordre trois est directement liée l'absorption non-linéaire de la lumière, ce qui conduit à la relation suivate:

$$\beta = \frac{24 \cdot \omega \cdot \pi^2 \cdot \chi''^{<3>}}{n^2 \cdot c^2} \qquad (1.24)$$

Où: β — le coefficient d'absorption non-linéaire de la lumière,

ω — la fréquence de la lumière incidente,

$\chi''^{<3>}$ — la partie imaginaire de la sucseptibilité non-linéaire du troisième ordre,

n — l'indice de réfraction,

c — la vitesse de la lumière dans le vide.

Dans les cas des matériaux isotropes, le tensur de la susceptibilité d'ordre trois possède les caractéristiques suivante de la symétrie:

$$\chi_{xxxx} = \chi_{yyyy} = \chi_{zzzz}$$

$$\chi_{yyzz} = \chi_{zzxx} = \chi_{xxyy} = \chi_{zzyy} = \chi_{yyxx} = \chi_{xxzz}$$

$$\chi_{yzyz} = \chi_{zxzx} = \chi_{xyxy} = \chi_{zyzy} = \chi_{xzxz} = \chi_{yxyx}$$

$$\chi_{yzzy} = \chi_{zxxz} = \chi_{xyyx} = \chi_{zyyz} = \chi_{xzzx} = \chi_{yxxy}$$

On peut en déduire que, dans ce cas des matières izotropes, le tenseur de la susceptibilité d'ordre trois $\chi^{<3>}$ n'a que quatre composantes indépendantes.

1.2.2. Contribution électronique et moléculaire de la susceptibilité électrique non-linéaire du troisième ordre

Dans les expériences décrites dans la thèse présente, nous avons utilisé un laser Nd: YAG qui délivre des impulsions de 30 ps de la durée. Dans le cas des milieux izotropes soumises à l'action des impulsions de cette durée (30 ps), deux effets contribuent à la susceptibilité d'ordre trois: la déformation du nuage électronique et aussi les mouvements de la molécule (translations, rotations, vibrations).
On peux négliger l'influence des effets électrostrictifs et thermiques car ces effets sont long [29].

Lorsque l'approximation Borna — Oppenheimer'a [30] est valable (c'est à dire la fréquence du faisceau incident est loin des fréquences de résonance du milieu), on peut séparer les contriubutions due à la déformation du nuage électronique et celles des mouvements de la molécule. Par conséquent on peut écrire le le tenseur de la susceptibilité électrique sous la forme de la somme de deux termes [31 — 33]:

$$\chi_{ijkl}^{<3>} = \chi_{ijkl}^{<3>el} + \chi_{ijkl}^{<3>m} \qquad (1.25)$$

Le premier terme: $\chi_{ijkl}^{<3>el}$ — est appelé la composante électronique. Il est lié à la déformation du nuage électronique. Le deuxième terme: $\chi_{ijkl}^{<3>m}$ — est appelé la composante moléculaire (ou nucléaire) de la susceptibilité. Il est lié aux mouvements de la molécule.
Les composantes du tenseur pour les solutions izotropes satisfont aux relations suivantes [31]:

— la composante électronique:

$$\chi_{iiii}^{<3>el} = 3\chi_{iijj}^{<3>el} = 3\chi_{jiji}^{<3>el} = 3\chi_{jiij}^{<3>el} \tag{1.26}$$

— la composante moléculaire:

$$\chi_{iiii}^{<3>m} = 8\chi_{iijj}^{<3>m} = 8\chi_{jiji}^{<3>m} = \frac{4}{3}\chi_{jiij}^{<3>m} \tag{1.27}$$

Le tenseur de la susceptibilité d'ordre trois $\chi^{<3>}$ est une grandeur qui décrit les effets optiques du troisième ordre au niveau macroscopique. Cependant les mêmes effets au niveau microscopiques sont décrits par l'hyperpolarisabilité optique du second ordre.

1.2.3. Hyperpolarisabilité optique du second ordre

L'hyperpolarisabilité moléculaire γ^* est un paramètre microscopique qui caractérise les propriétés optiques non-linéaires de la molécule. À l'application des grandeurs microscopiques (affectées du symbole *mic*), le vecteur de la polarisation électrique non-linéaire dans la fonction du champ électrique externe appliqué devient [34]:

$$\vec{P} = N \cdot \left(\chi_{mic}^{<1>} \cdot \vec{E}_{loc} + \chi_{mic}^{<2>} \cdot \vec{E}_{loc}^2 + \chi_{mic}^{<3>} \cdot \vec{E}_{loc}^3 + \chi_{mic}^{<n>} \cdot \vec{E}_{loc}^n \right) \tag{1.28}$$

où: N — signifie densité volumique de particules,

$\vec{E}_{loc}$ — de champ électrique local,

$\chi_{mic}^{<1>}$ — la polarisabilité linéaire,

$\chi_{mic}^{<2>}$ — l'hyperpolarisabilité optique du premième ordre,

$\chi_{mic}^{<3>}$ — l'hyperpolarisabilité optique du deuxième ordre.

Dans la littérature, les paramètres: $\chi_{mic}^{<1>}$, $\chi_{mic}^{<2>}$, $\chi_{mic}^{<3>}$, sont souvent notés à l'aide de $\alpha^*, \beta^*, \gamma^*$ [34, 35].

Pour lier les paramètres décrivant les effets optiques du troisième ordre au niveau macroscopique et microscopique, il faut considérer le champ local qui intervient dans le point où se trouve la molécule en considération. En appliquant le modèle de Lorentz, on obtient [36]:

Chapitre 1. **Partie théorique**

$$\vec{E}_{loc} = \vec{E} + \frac{\vec{P}}{3 \cdot \varepsilon_0} \qquad (1.29)$$

où : ε_0 — la perméabilité électrique du vide.

En remplaçant dans l'équation (1.28), la valeur $\vec{E}_{loc}$ décrite par l'équation (1.29), il vient :

$$\vec{P} \cdot \left[1 - \frac{N \cdot \chi_{mic}^{<1>}}{3 \cdot \varepsilon_0}\right] = N \cdot \left[\chi_{mic}^{<1>} \cdot \vec{E}_{loc} + \ldots + \chi_{mic}^{<n>} \cdot \left(\vec{E} + \frac{\vec{P}}{3 \cdot \varepsilon_0}\right)^n + \ldots\right] \qquad (1.30)$$

En tenant compte de la relation $1 - \frac{N \cdot \chi_{mic}^{<1>}}{3 \cdot \varepsilon_0} = F^{-1}$, nous parvenons à :

$$\vec{P} = N \cdot \left[\chi_{mic}^{<1>} \cdot F \cdot \vec{E} + \ldots + \chi_{mic}^{<n>} \cdot F \cdot \left(\vec{E} + \frac{P}{3 \cdot \varepsilon_0}\right)^n + \ldots\right] \qquad (1.31)$$

où : F — le coefficient de champ local de Lorentz.

Nous pouvons aussi écrire la relation suivante : $\vec{P} \approx N \cdot \chi_{mic}^{<1>} \cdot F \cdot \vec{E}$. L'équation (1.31) devient alors :

$$\vec{P} \approx N \cdot \left[\chi_{mic}^{<1>} \cdot F \cdot \vec{E} + \ldots + \chi_{mic}^{<n>} \cdot F \cdot \left(1 + \frac{N \cdot \chi_{mic}^{<1>} \cdot F}{3 \cdot \varepsilon_0}\right)^n \cdot \vec{E}^n\right] \qquad (1.32)$$

puisque $1 + \frac{N \cdot F \cdot \chi_{mic}^{<1>}}{3 \cdot \varepsilon_0} = F$ nous pouvons écrire :

$$\vec{P} \approx N \cdot \left[\chi_{mic}^{<1>} \cdot F \cdot \vec{E} + \ldots + \chi_{mic}^{<n>} \cdot F^{n+1} \cdot \vec{E}^n + \ldots\right] \qquad (1.33)$$

Ensuite, à l'aide des équations (1.8, 1.10) et (1.33) on obtient :

$$F = 1 + \frac{\chi^{<1>}}{3 \cdot \varepsilon_0} \qquad (1.34)$$

en tenant compte de :

$$\chi^{<1>} \approx \varepsilon_0 \cdot \left(n_0^2 - 1\right) \tag{1.35}$$

où: n_0 — l'indice de réfraction du milieu étudié;

$$F = \frac{n_0^2 + 2}{3} \tag{1.36}$$

Il résulte des expressions (1.28 — 1.36) que l'hyperpolarisabilité optique du deuxième ordre s'exprime de la façon suivante:

$$\gamma^* = \frac{\chi^{<3>}}{F^4 \cdot N} \tag{1.37}$$

Dans le cas d'un milieu optiquement non-linéaire apparaît en tant qu'une solution, la relation entre la susceptibilité non-linéaire du troisième ordre pour la solution $\chi^{<3>}$ et l'hyperpolarisabilité γ^* de la molécule en solution est exprimée de la façon suivante [37]:

$$\chi^{<3>}_{solution} = F^4 \cdot N \cdot \gamma^*_{soluté} + \chi^{<3>}_{solvant} \tag{1.38}$$

Dans le cas des non polaires, on peut négliger les interactions soluté – solvants. Par conséquence, la relation entre l'hyperpolarisabilité de la molécule γ^* et la susceptibilité électrique non-linéaire $\chi^{<3>}_{solvant}$ solvant, qui a été mesurée pendant l'expérience, de la façon suivante:

$$\gamma^*_{soluté} = \frac{\chi^{<3>}_{solution} \cdot M}{F^4 \cdot N_A \cdot C} \tag{1.39}$$

où: N_A — le nombre d'Avogadro,

M — la masse molaire du soluté,

C — la concentration du soluté dans le solvant.

1.3. Processus multiphotoniques

Tous les phénomènes de l'optique non-linéaire peuvent être interprétés comme de processus multiphotoniques. Par exemple, pendant l'absorption du rayonnement à la fréquence ω, l'accroissement de l'énergie d'une des molécules de $E_2 - E_1 = \hbar\omega$ (figure 1.2.a) correspond à la décroissance de l'énergie d'une des molécules de $\hbar\omega$. L'absorption simultanée de deux photons et la transition de la molécule de l'état à l'énergie E_1 vers l'état à l'énergie E_2, est possible à la condition qu'un tel niveau d'énergie existe (figure 1.2.b). Dans le cas où les intensités de l'onde incidente ne sont pas grandes, la probabilité de la transition biphotonique est plus petite de plusieurs ordres de grandeur que la probabilité de la transition monophotonique. Pourtant, s'il existe de grandes intensités de la lumière (provenant des sources laser), la probabilité de l'absorption biphotone accroît remarquablement et elle commence à jouer un rôle important dans ce cas. Dans les processus biphotoniques, le coefficient d'absorption accroît avec l'intensité incidente de la lumière. S'il existe deux ondes monocromatiques aux fréquences ω_1 et ω_2, qui se propagent dans le milieu, il est possible une absorption de deux différents photons aux énergies: $\hbar\omega_1$ i $\hbar\omega_2$ (figure 1.2. c) [38].

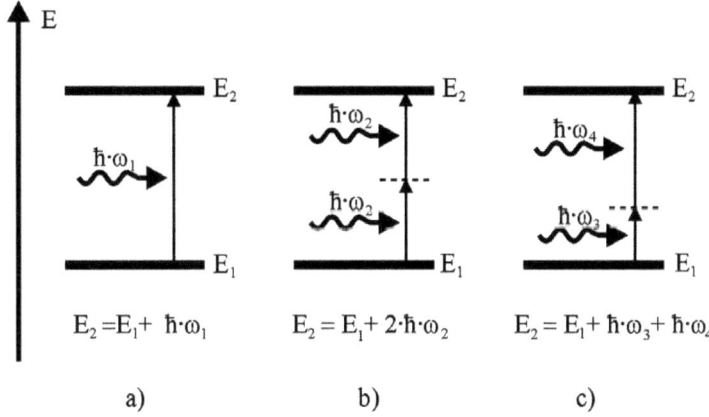

Figure 1.2. Absorption: monophotonique du photone $\hbar\omega$ pendant la transition de la molécule de l'état à l'énergie E_1 vers l'état à l'énergie E_2 (a), biphotonique avec l'absorption de deux photons similaires $(E_2 - E_1 = 2\cdot\hbar\omega)$ (b), biphotonique avec l'absorption de deux photons $(E_2 - E_1 = \hbar\omega_1 + \hbar\omega_2)$ (c).

1.4. Absorption de la lumière

L'absorption du rayonnement par les molécules est décrite par la loi de Beer (figure 1.3). Dans l'esprit de cette loi, la décroissance de l'intensité de l'onde monochromatique, qui traverse une couche très fin de l'absorbant, est proportionnel à l'intensité de l'onde incidente sur ce couche et à l'épaisseur de ce couche. On appele ici l'intensité de l'onde du rayonnement. L'énergie I écoulant par la section unitaire de l'onde, perpendiculaire à la direction de son mouvement. Si l'intensité de l'onde incidente sur une le couche élémentaire d'épaisseur dx est I, il vient:

$$dI = -\alpha \cdot I \cdot dx \qquad (1.40)$$

Si on note par I_0 l'intensité de l'onde incidente sur la couche absorbante d'épaisseur fini d et par I_p l'intensité de l'onde après la transition de la couche, I_p peut être exprimée par l'expression suivante [39]:

$$I_p = I_0 \cdot e^{-\alpha \cdot d} \qquad (1.41)$$

où: α — le coefficient naturel d'absorption de la lumière [m^{-1}].

Dans le cas où la substance absorbante se trouve dissoute dans un solvant, la transmission décroît exponentiellement aussi bien que la concentration de l'échantillon. La loi de Beer devient alors:

$$T = \exp(-\alpha \cdot d) = \exp(-\kappa \cdot C) \qquad (1.42)$$

où: κ — un coefficient d'absorption qui dépend de la nature du composé,

T — la transmission de la lumière,

C — la concentration des molécules en solution.

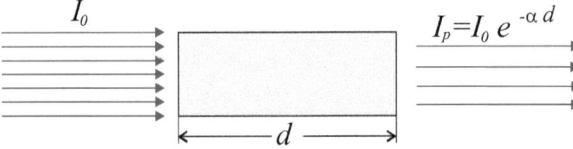

Figure 1.3. Atténuation de l'intensité de l'onde qui traverse le couche du milieu absorbant à l'épaisseur d.

En tenant compte du coefficient d'intensité lumineuse R^*, le coefficient d'absorption de la lumière est égale à:

$$\kappa = \frac{1}{d} \cdot \ln\left[\frac{1-R^*}{2\cdot T} + \sqrt{\frac{(1-R^*)^2}{4\cdot T^2} + (R^*)^2}\right] \qquad (1.43)$$

Dans les cas de grandes intensités de l'onde électromagnétique, l'absorption peut prendre un caractère non-linéaire. Dans ce cas la transmission de la lumière est une fonction de l'absorption linéaire (α) et non-linéaire (β) [40, 41], et la loi de Beer devient [42]:

$$T = \frac{I(d)}{I(0)} = \frac{\alpha \cdot \exp(-\alpha \cdot d)}{\alpha + \beta \cdot I(0) \cdot (1-\exp(-\alpha \cdot d))} \qquad (1.44)$$

C'est-à-dire qu'il est possible que l'absorption, par exemple de deux photones par un atome, se produise dans le champ du rayonnement laser, et dans ce cas la différence de l'énergie ΔE entre deux niveaux est exactement égale au double énergie du photon, ça veut dire:

$$\Delta E = 2 \cdot h \cdot \nu \equiv 2 \cdot \hbar \omega \qquad (1.45)$$

L'atome peut aussi absorber deux photons aux fréquences différentes ω_1 et ω_2, et conformément au principe de la conservation de l'énergie, on obtient:

$$\Delta E = \hbar \omega_1 + \hbar \omega_2 \qquad (1.46)$$

Chapitre 2. Phénomène de la conjugaison optique de phase

Dans le deuxième chapitre nous présentons la méthode expérimentale appliquée à la détermination de la susceptibilité d'ordre trois dans les cas des matériaux organiques et appuyée sur le mélange quatre ondes dégénéré. On expose aussi les bases théoriques de cette méthode. Dans la dernière partie de ce chapitre figurent les exemples de concernant l'aspect applicative du processus de la conjugaison optique de phase.

2.1. Conjugaison de phase

Le phénomène de la conjugaison de phase est observé dans le processus du mélange quatre ondes dégénéré (*ang. Degenerate Four — Wave Mixing - DFWM*)[2]. *DFWM* est le processus du mélange des ondes aux mêmes fréquences ω, qui a pour le résultat la génération de l'onde au front d'onde inverse et à la fréquence ω.

L'essentiel du mélange quatre ondes dégénéré constitue la génération de l'onde au front d'onde inverse du troisième ordre. Les directions de la diffusion de quatre ondes en interaction ont été présentées sur la figure 2.1.

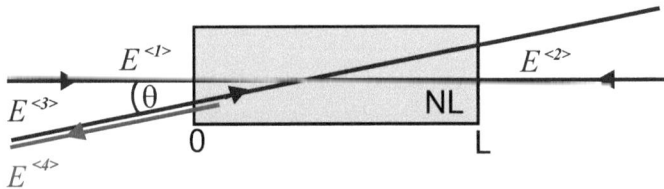

Figure 2.1. La géometrie des ondes dans l'examen du mélange quatre ondes dégénéré *(DFWM)*.

Dans le processus du mélange quatre ondes dégénéré deux ondes intenses, nommées les ondes pompes (E_1 i E_2), traversent le milieu matériel. Les ondes pompes ont la même direction, mais leurs sens sont opposés. La troisième onde (E_3), à une

---

[2] Puisqu'il existe la tradition de présenter le phénomène de DFWM en se servant des unités C.G.S., les réflexions ultérieures seront exposées avec les unités de ce système, cependant les calculs expérimentaux seront exprimés avec les unités du système SI.

l'intensite plus petite, nommée l'onde sonde, se propage dans la direction qui fait un petit angle ($\theta \approx 12°$) avec la direction des ondes pompes. L'interaction de ces trois ondes avec le milieu non-linéaire engendre une polarisation électrique du troisième ordre qui est la source de la quatrième onde (E_4) qui prend la direction opposée a la direction de l'onde sonde (E_3) [27, 43, 44]. Dans ce processus les fréquences de toutes les ondes sont les mêmes, et leurs vecteurs d'onde satisfont aux équations:

$$\vec{k}_1 + \vec{k}_2 = 0$$
$$\vec{k}_3 + \vec{k}_4 = 0 \qquad (2.1)$$

Chaque onde considérée satisfait à l'équation d'onde:

$$\nabla \times \nabla \times \vec{E} + \frac{1}{c^2} \cdot \frac{\partial^2 \vec{E}}{\partial^2 t^2} = -\frac{4\pi^2}{c^2} \cdot \frac{\partial^2 \vec{P}^{<i>}}{\partial t^2} \qquad (2.2)$$

où: $\vec{P}^{<i>}$ — les termes convenables de la polarisation électrique non-linéaire du troisième ordre.

Ces termes peuvent être décrits comme suit:

$$P_i^{<1>}(\omega_1) = 3\chi_{ijkl}^{<3>} \cdot \left(E_j^{<1>}E_k^{<1>*} + 2E_k^{<2>}E_l^{<2>*}\right) \cdot E_l^{<1>}$$
$$P_i^{<2>}(\omega_2) = 3\chi_{ijkl}^{<3>} \cdot \left(E_k^{<2>}E_l^{<2>*} + 2E_k^{<1>}E_l^{<1>*}\right) \cdot E_j^{<2>}$$
$$P_i^{<3>}(\omega_3) = 3\chi_{ijkl}^{<3>} \cdot \left(2E_j^{<3>}E_k^{<1>}E_l^{<1>*} + 2E_j^{<3>}E_k^{<2>}E_l^{<2>*} + 2E_j^{<1>}E_k^{<2>}E_l^{<4>*}\right) \qquad (2.3)$$
$$P_i^{<4>}(\omega_4) = 3\chi_{ijkl}^{<3>} \cdot \left(2E_j^{<4>}E_k^{<1>}E_l^{<1>*} + 2E_j^{<4>}E_k^{<2>}E_l^{<2>*} + 2E_j^{<1>}E_k^{<2>}E_l^{<3>*}\right)$$

En appliquant l'approximation dite des enveloppes lentement variable (ang. *Slowly Varying Amplitude (Envelope) Approximation — SVA(E)P*) [27], qui consiste à négliger les termes contenant les dérivées secondes de l'amplitude par rapport à la variable spatiale et temporelle dans l'équation d'onde (cela n'est possible que dans les cas où les variations spatiales et temporelles de l'amplitude d'onde sont suffisamment lentes en comparaison avec $\vec{k}$ et ω), on obtient le système d'équations qui décrit la propagation des ondes dans le milieu:

$$\begin{cases} \dfrac{\partial A_i^{<1>}}{\partial z} = 6i \cdot \dfrac{\pi \cdot \omega}{n \cdot c} \cdot \chi_{ijkl}^{<3>} \cdot (A_k^{<1>} A_l^{<1>*} + 2 \cdot A_k^{<2>} A_l^{<2>*}) \cdot A_j^{<1>} \\[6pt] \dfrac{\partial A_i^{<2>}}{\partial z} = -6i \cdot \dfrac{\pi \cdot \omega}{n \cdot c} \cdot \chi_{ijkl}^{<3>} \cdot (A_k^{<2>} A_l^{<2>*} + 2 \cdot A_k^{<1>} A_l^{<1>*}) \cdot A_j^{<2>} \\[6pt] \dfrac{\partial A_i^{<3>}}{\partial z} = 12i \cdot \dfrac{\pi \cdot \omega}{n \cdot c} \cdot \chi_{ijkl}^{<3>} \cdot \left[(A_k^{<1>} A_l^{<1>*} + A_k^{<2>} A_l^{<2>*}) \cdot A_j^{<3>} + A_j^{<1>} A_k^{<2>} A_l^{<4>*} \right] \\[6pt] \dfrac{\partial A_i^{<4>}}{\partial z} = -12i \cdot \dfrac{\pi \cdot \omega}{n \cdot c} \cdot \chi_{ijkl}^{<3>} \cdot \left[(A_k^{<1>} A_l^{<1>*} + A_k^{<2>} A_l^{<2>*}) \cdot A_j^{<4>} + A_j^{<1>} A_k^{<2>} A_l^{<3>*} \right] \end{cases} \quad (2.4)$$

Si nous utilisons les ondes polarisées linéairement, le système susdit se simplifie et dans le second membre de chaque équations, il ne reste que deux termes différents de zéro. Par exemple, pour déterminer les composantes du tenseur de la susceptibilité d'ordre trois pour trois ondes incidentes à la polarisation identique. On a :

$$A_x^{<i>} = A_i,\; I_i = \dfrac{n \cdot c}{2 \cdot \pi} \cdot A_i \cdot A_i^*,\; \chi_{ijkl}^{<3>} = \chi^{<3>} \quad (2.5)$$

En plus, en supposant que les intensités des ondes pompes sont égales, et $A_3, A_4 \ll A_1$ et aussi en transformant le système d'équations qui décrit la propagation des ondes dans le milieu, on obtient:

$$\begin{cases} \dfrac{\partial E_1}{\partial z} = -\dfrac{\alpha}{2} \cdot E_1 + i \cdot H \cdot \chi_{ijkl}^{<3>} \cdot \left(E_1 \cdot E_1^* + 2 \cdot E_2 \cdot E_2^* \right) \cdot E_1 \\[6pt] \dfrac{\partial E_2}{\partial z} = \dfrac{\alpha}{2} \cdot E_2 - i \cdot H \cdot \chi_{ijkl}^{<3>} \cdot \left(2 E_1 \cdot E_1^* + E_2 \cdot E_2^* \right) \cdot E_2 \\[6pt] \dfrac{\partial E_3}{\partial z} = -\Phi' \cdot E_3 + 2 \cdot i \cdot H \cdot \chi_{ijkl}^{<3>} \cdot E_1 \cdot E_2 \cdot E_4^* \\[6pt] \dfrac{\partial E_4}{\partial z} = \Phi' \cdot E_4 - 2 \cdot i \cdot H \cdot \chi_{ijkl}^{<3>} \cdot E_1 \cdot E_2 \cdot E_3^* \end{cases} \quad (2.6)$$

où: $\vec{E}^{<i>}(\vec{r},t) = \vec{A}^{<i>}(\vec{r}) \cdot e^{i(k_i r - \omega_i t)}$ \qquad $dla\; i = 1, 2, 3, 4,$

$$\Phi' = \dfrac{\alpha}{2} - 2i \cdot H \cdot \chi^{<3>} \left(\vec{A}_1 \cdot \vec{A}_1^* + \vec{A}_2 \cdot \vec{A}_2^* \right) \quad (2.7)$$

$$H = \frac{12 \cdot \pi^2}{n \cdot \lambda} \qquad (2.8)$$

De la géométrie du système *DFWM* il résulte que le produit $I_1 \cdot I_2$ et aussi la somme $I_1 + I_2$ sont constants. En conséquence, si l'on résout le système d'équations (2.6, 2.7, 2.8), de la façon analytique, on obtient la solution suivante [45]:

$$R = \frac{I_4(0)}{I_3(0)} = \begin{cases} \dfrac{K^2}{\left[p \cdot ctg(p \cdot d) - \dfrac{\Psi'}{2}\right]^2} & gdy \quad \Psi'^2 - 4 \cdot K^2 \leq 0 \\ \dfrac{K^2}{\left[q \cdot \coth(q \cdot d) - \dfrac{\Psi'}{2}\right]^2} & gdy \quad \Psi'^2 - 4 \cdot K^2 \geq 0 \end{cases} \qquad (2.9)$$

où: R — le rendement du processus du mélange quatre ondes, décrit par l'équation:

$$R = \frac{I_4(0)}{I_3(0)} = \frac{E_4(0) \cdot E_4^*(0)}{E_3(0) \cdot E_3^*(0)} \qquad (2.10)$$

$$\Psi' = -\alpha - 2 \cdot \beta \cdot \left(I_1(z) + I_2(z)\right) \qquad (2.11)$$

$$K^2 = \left(\frac{48 \cdot \pi^3}{n^2 \cdot c \cdot \lambda}\right)^2 \cdot \left(\left(\chi'^{<3>}\right)^2 + \left(\chi''^{<3>}\right)^2\right) \cdot I_1 \cdot I_2 \qquad (2.12)$$

$$p^2 = K^2 - \left(\frac{\Psi'}{2}\right)^2 \qquad (2.13)$$

$$q = i \cdot p \qquad (2.14)$$

Nous pouvons déterminer la valeur $\chi''^{<3>}$ directement, en mesurant l'absorption de la lumière. Par contre, en connaissant l'expression (2.9), on peut déterminer la valeur absolue $\chi'^{<3>}$.

Dans le cas où le milieu ne fait preuve que de l'absorption linéaire, la partie imaginaire de la susceptibilité d'ordre trois est égale à zéro. Le système d'équations (2.9) se simplifie et il s'exprime de la façon suivante:

$$R = \begin{cases} \dfrac{p^2 + \dfrac{\alpha^2}{4}}{\left[p \cdot (ctg(p \cdot d)) + \dfrac{\alpha}{2}\right]^2} & p^2 \geq 0 \\[2em] \dfrac{p^2 + \dfrac{\alpha^2}{4}}{\left[q \cdot (\coth(q \cdot d)) + \dfrac{\alpha}{2}\right]^2} & p^2 < 0 \end{cases} \quad (2.15)$$

où: $p^2 = \left(\dfrac{48 \cdot \pi^3 \cdot \chi^{<3>}}{n^2 \cdot c \cdot \lambda}\right)^2 \cdot I_1(0)^2 \cdot \exp(-\alpha \cdot d) - \dfrac{\alpha^2}{4}$

Il existe certains types de matériaux où l'influence de l'absorption mono- et biphotonique est minime. Si l'on admet que $\alpha = \beta \approx 0$, la solution du système d'équations (2.5) se simplifie et elle est écrite sous la forme [46]:

$$R = tg^2 |p| \cdot d \quad (2.16)$$

où: $p = \dfrac{48 \cdot \pi^3}{n^2 \cdot c \cdot \lambda} \cdot \chi^{<3>} \cdot I_1(0)$, et d — l'épaisseur de la cuve.

2.1.1. Application du phénomène de la conjugaison optique de phase

Le phénomène de la conjugaison de phase, observé dans le processus du mélange quatre ondes dégénéré, est un cas particulier de la diffraction de la diffraction de la lumière sur les réseaux qui ont été formés par suite de la variation de l'indice de réfraction photo-induit. Dans ce processus l'onde générée possède le front d'onde inverse [47].

Comme exemple de l'emploi des matériaux qui sont capables de produire une onde conjuguée, nous pouvons prendre le miroir à la conjugaison de phase (ang. PCM), qui permet d'éliminer l'aberration de phase de l'onde. La figure 2.2 présente l'élimination de la distorsion spatiale de la surface d'onde à travers la génération de l'onde conjuguée et aussi sa diffusion en arrière à travers le milieu de dispersion. Elle démontre la différence entre la réflexion classique et la réflexion conjuguée. Imaginons une onde plane incidente sur un élément perturbant, p.ex. sur un cylindre de verre (la figure 2.2) qui, après l'avoir traversé, atteint à la forme de la surface d'onde (2). L'onde réfléchie du miroir conventionnel prend la forme du front (3) et, après avoir traversé le cylindre dans la direction inverse, elle accusera d'une double profondeur du retard du front d'onde (4). Ce genre du comportement de l'onde plane est une conséquence des propriétés de dispersion du milieu.

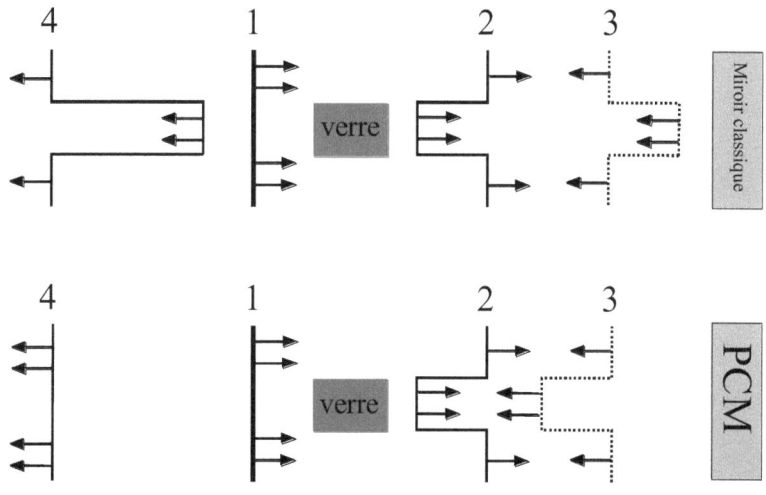

Figure 2.2. Exemple de la réflexion d'un signal perturbé par le verre de deux types du miroir: classique et à conjugaison de phase (PCM).

Le miroir "conjugant" fait apparaître une onde réfléchie (3) qui est une onde incidente inverse (2). En conséquence, les retards dans le front d'onde sont parfaitement égalisés (4) de manière à ce que les ondes (1) et (4) restent identiques. Cette propriété du miroir à la conjugaison de phase a trouvée des applications pratiques, p.ex. dans la technique laser et l'holographie. Dans les cas des miroirs conjugués, il est impossible d'appliquer la loi de Snellius. S'il y a une onde sphérique qui réfléchit du miroir à la conjugaison de phase, le front d'onde est inverse et, en conséquence, l'onde retourne au point initial (à la source d'onde) [48].

L'utilisation du miroir à conjugaison de phase dans la construction des lasers à grande puissance est une application successive du phénomène de la conjugaison optique de phase [49]. Le doublement successive en fréquence, par exemple d'un laser de néodyme (λ = 1,06 µm), a permis de déplacer la limite de la zone de spectre qui est couverte à partir des sources de l'électronique quantique vers ultraviolet jusqu'aux ondes aux longueurs d'ondes qui satisfont à la condition $0,25 \cdot \lambda$ = 0,265 µm. Les lasers de Raman où on a utilisé des liquides différents et des gaz comprimés rendent possible la variation de la fréquence générée de 10 - 20%.

L'utilisation du miroir à la conjugaison de phase permet d'éliminer les distortions du faisceau laser. Cette technique consiste à ce que la lumière du laser incidente au miroir semi-transparent est propagée ensuite dans l'amplificateur et elle se propage vers le miroir à la conjugaison de phase. L'onde qui traverse l'amplificateur subit une distortion, elle réfléchit du miroir et son front d'onde est inverse. Après une autre traversée de l'amplificateur, à la sortie, on obtient une onde amplifiée sans aberration.

La conjugaison optique de phase peut être appliquée à la focalisation du rayonnement ce qui offre la possibilité du réchauffement de petits objets sans se servir des systèmes compliqués des lentilles et des miroirs. Grâce à cette technique on peut réchauffer le plasma et on peut même initier la fusion nucléaire. Dans cette méthode une large onde laser à une petite puissance est dirigée vers l'environnement de l'objet qui va être réchauffer. L'objet diffuse la lumière incidente dans toutes les directions. Une partie du rayonnement diffusé traverse l'amplificateur et la lentille. Le miroir à la conjugaison de phase qui se trouve tout près derrière l'amplificateur dans les cas pareils, inverse le front d'onde incidente et il la dirige de nouveau vers l'amplificateur. Après la transition de l'amplificateur, l'onde à une grande puissance est formé. Elle est dirigée vers l'objet. Le phénomène de la conjugaison de phase ne peut se produire que dans les matériaux optiques non-linéaires ayant un bon rendement [50, 51].

Chapitre 3. Méthodes quantiques-chimiques élementaires

Dans le troisième chapitre nous présentons les questions liées aux calculs chimiques-quantiques. Les problèmes discutés concernent les méthodes fondamentales du calcul de chimie quantique et nous nous sommes intéressons plus particulièrement aux méthodes semi-empiriques telles que: AM1 et PM3. Nous utilisons ces méthodes pour déterminer les valeurs des moments dipolaires et aussi pour déterminer la valeur de l'énergie des niveaux HOMO (l'orbitale moléculaire occupée de plus haute énergie) et LUMO (l'orbitale moléculaire vide de plus basse énergie).

3.1. Méthodes des calcules dans la chimie quantique

La physique statistique classique est un moyen de la description théorique des liquides composés des molécules polaires. Cela permet d'établir une relation entre les propriétés macroscopiques des molécules et leurs propriétés microscopiques, telles que la polarisabilité, le moment dipolaire constant ou bien l'hyperpolarisabilité. En plus, les méthodes de la physique statistique permettent de considérer les interactions intermoléculaires [51]. Une telle description permet la distinction de l'influence des interactions sur les effets soumis aux investigations. Donc, il est possible de déterminer les mécanismes moléculaires responsables du déroulement du phénomène observé, pour un liquide déterminé (d'habitude il s'agit d'une solution des molécules aux propriétés déterminées, p.ex. possédant un moment dipolaire constant dans un solvant non-dipolaire). La complexité des procédés chimiques et physiques, qui se produisent dans le cas des matériaux en discussion, résulte de la dynamique des molécules et de leurs structures compliquées. La mécanique quantique facilite la connaissance de ces procédés grâce aux calculs quantiques — chimiques [53]. La simulation moléculaire est une technique qui complète parfaitement les autres instruments dans un laboratoire. Elle facilite la prévision de la structure des molécules chimiques et de leurs propriétés. En général, on peut partager les méthodes de calcul de la chimie quantique en deux catégories: les méthodes ab-initio et les méthodes semi-empiriques. Grâce à la bonne connaissance de la structure des molecules, nous pouvons appliquer certaines simplifications grâce auxquelles nous pouvons effectuer les calculs plus vite. En fonction des hypothèses de simplification, nous pouvons distinguer trois "niveaux" de la description de la réalité chimique:

    a. les méthodes de la mécanique classique,
    b. les méthodes semi-empiriques,
    c. les méthodes ab-initio.

Dans les méthodes de la mécanique classique, on se sert du modèle mécanique des molécules où les atomes sont traités comme "les sphères" identiques qui sont pourvues de la masse et, éventuellement, de la charge, par contre les liaisons chimiques sont traitées comme les "ressorts" élastiques. Dans les méthodes semi-empiriques, on utilise des éléments de la mécanique quantique et on ne tient compte que de l'existence des électrons sur les couches les plus élevés (les électrons de valence). "L'élimination" de la plupart des électrons de l'atome entraîne une série de modifications de l'expression décrivant l'énergie du système (l'hamiltonien). On calcule ces modifications en comparant les résultats théoriques aux résultats expérimentaux (de là l'appelation "les méthodes semi—empiriques") [53].

Dans les méthodes ab-initio, on prend en compte tous les électrons de la molécule, par contre, dans les calculs, on applique les premiers principes de la mécanique quantique (d'un l'appellation de cette méthode "ab-initio" — des premiers principes).

3.2. Équations de Hartree-Fock

La notion de la configuration, c'est-à-dire la présence des électrons aux niveaux d'énergie bien déterminés, peut être introduite au moyen du modèle à electrons libre [55]. Si on suppose qu'un atome possède N' électrons et il se trouve dans l'état aux sous couches fermées gaines closes (sur chaque orbitale il y a deux électrons), la configuration d'électrons est décrite par la fonction d'onde sous la forme du déterminant (3.2) qui est construit des spin-orbitales du type:

$$\phi_q = \Psi_p \cdot \sigma_{m_s} \qquad (3.1)$$

où: ϕ_q — le spin-orbitale,

    Ψ_p — la fonction orbitalaire qui dépend des coordonnées spatiales,

    σ_{m_s} — la fonction de spin.

$$\Phi = \frac{1}{\sqrt{N'!}} \begin{vmatrix} \phi_1(1) & \phi_1(2) & \cdots & \phi_1(N') \\ \phi_2(1) & \phi_2(2) & \cdots & \phi_2(N') \\ \vdots & \vdots & \vdots & \vdots \\ \phi_{N'}(1) & \phi_{N'}(2) & \cdots & \phi_{N'}(N') \end{vmatrix} = \left| \phi_1(1) \cdot \phi_2(2) \cdots \phi_N(N') \right| \quad (3.2)$$

Afin que les calculs effectués par intermédiaire de cette fonction aient pour résultat la valeur la plus basse de l'énergie, dans les calculs successifs on applique les méthodes de variation. En supposant qu'il y a N' spin-orbitales ϕ_i, on obtient $N'/2$ orbitales ψ_i, en multipliant chacune par la fonction de spin η et ι:

$$\phi_1 = \psi_1 \cdot \eta, \phi_2 = \psi_1 \cdot \eta, \ldots, \phi_{N'} = \psi_{N'/2} \cdot \iota \quad (3.3)$$

Pour un atome quelconque qui possède N' électrons, on peut écrire l'hamiltonien sous la forme:

$$\hat{H} = \sum_{i=1}^{N'} -\frac{\hbar^2}{2 \cdot m_i} \cdot \Delta_i - \sum_{i=1}^{N'} k \cdot \frac{Ze^2}{r_i} + \sum_{i>j=1}^{N'} k \cdot \frac{e^2}{r_{ij}} \quad (3.4)$$

où: $k = (4 \cdot \pi \cdot \varepsilon_0)^{-1} = \left(8{,}987552 \cdot 10^9 \ \frac{N \cdot m^2}{C^2} \right)$,

r — la distance entre l'électron et le noyau,

m_i — la masse de l'électron $(9{,}109390 \cdot 10^{-31} \ kg)$,

e — la charge de l'électron $(1{,}602189 \cdot 10^{-19} \ C)$,

$\hbar$ — la constante de Planck $(1{,}054573 \cdot 10^{-34} \ J \cdot s)$,

$\hat{U}(i)$ — l'opérateur de l'énergie potentielle,

Ze — la charge du noyau.

L'hamiltonien peut être décrit par l'équation:

$$\hat{H} = \sum_{i=1}^{N'} \hat{h}(i) + \sum_{i>j=1}^{N'} k \cdot \frac{e^2}{r_{ij}} \quad (3.5)$$

où: $\hat{h}(i)$ — l'hamiltonien d'électron individuel sous la forme:

$$\hat{h}(i) = -\frac{\hbar^2}{2 \cdot m_i} \cdot \Delta_i + \hat{U}(i) \qquad (3.6)$$

Pour qu'on puisse calculer l'énergie des orbitales ψ_i, en se servant de la méthode de variation, il faut exprimer l'énergie totale du système au moyen des grandeurs qui dépendent directement de la forme des orbitales. Alors, dans l'expression:

$$E = \int \Phi^* \cdot \hat{H} \cdot \Phi d\tau \qquad (3.7)$$

a l'aide l'hamiltonien (3.4) et la fonction d'onde (3.2). On obtient:

$$E = 2 \cdot \sum_{p=1}^{N/2} I_p + \sum_{p=1}^{N/2} I_p \sum_{q=1}^{N/2} \left(2 \cdot J_{pq} - K_{pq} \right) \qquad (3.8)$$

où:

$$\hat{I}_p = \int \Psi_p^*(i) \cdot \hat{h}(i) \cdot \Psi_p(i) d\tau = \left(p \middle| \hat{h}(i) \middle| p \right) \qquad (3.9)$$

$$J_{pq} = \int \Psi_p^*(i) \cdot \Psi_q^*(j) \cdot k \cdot \frac{e^2}{r_{ij}} \cdot \Psi_p(i) \cdot \Psi_q(j) d\tau_i d\tau_j = <pq|pq> \qquad (3.10)$$

ou:

$$J_{pq} = \int \Psi_p^*(i) \cdot \Psi_q(i) \cdot k \cdot \frac{e^2}{r_{ij}} \cdot \Psi_q^*(j) \cdot \Psi_p(j) d\tau_i d\tau_j = <pp|qq> \qquad (3.11)$$

$$K_{pq} = \int \Psi_p^*(i) \cdot \Psi_q^*(j) \cdot k \cdot \frac{e^2}{r_{ij}} \cdot \Psi_p(j) \cdot \Psi_q(i) d\tau_i d\tau_j = <pq|qp> \qquad (3.12)$$

ou:

$$K_{pq} = \int \Psi_p^*(i) \cdot \Psi_q(i) \cdot k \cdot \frac{e^2}{r_{ij}} \cdot \Psi_q^*(j) \cdot \Psi_p(j) d\tau_i d\tau_j = <pq|qp> \qquad (3.13)$$

Dans les équations (3.12, 3.13) et dans la partie ultérieure de cette thèse, on a décide de se servir des parenthèses (...) pour désigner l'intégration des orbitales, du côté gauche de la ligne verticale celles qui concernent l'électron i, et la fonction complexe adjointe prend la place principale, les orbitales du côté droit de la ligne verticale — celles qui concernent l'électron *j* avec la fonction complexe adjointe à la place principale. Entre les chevrons <...>, du côté gauche de la ligne verticale, se situe la fonction de la paire des électrons *i* et *j*, qui est complexe et adjointe par rapport à la paire des électrons qui se trouvent du côté droit de la ligne verticale [55].

Il résulte de l'équation (3.9) que $\hat{I}_p$ est une valeur moyenne de l'opérateur $\hat{h}$ dans l'état orbital ψ_p. Alors, cette valeur représente l'énergie de l'électron dont l'état est décrit par l'orbitale ψ_p et qui, conformément à l'équation (3.6) bouge dans le potentiel des seuls noyaux. L'integrale K_{pq} est nommée l'intégrale de variation et l'apport à l'énergie, qui provient de ce type des integrals, est appelé l'énergie d'échange. L'énergie d'échange peut être décrite sous la forme de l'intégrale:

$$J_{pq} = \int e \cdot \rho_p(i) \cdot k \cdot \frac{1}{r_{ij}} \cdot e \cdot \rho_q(j) d\tau_i d\tau_j \tag{3.14}$$

L'expression de l'équation (3.14):

$$e \cdot \rho_r(n) = e \cdot \Psi_r^*(n') \cdot \Psi_r(n') \tag{3.15}$$

est l'épaisseur de la charge de l'électron n' dans l'état décrit par l'orbitale ψ_r.

Les relations suivantes se produisent aussi:

$$J_{pq} = (pp|qq) = <pq|pq>, \quad K_{pq} = (pq|qp) = <pq|qq> \tag{3.16}$$

La valeur de la fonction exprimée par l'équation (3.8) se minimalise si l'on applique la méthode de variation seulement pour les orbitales, pas seulement pour certains paramètres de la fonction d'onde. On obtient alors l'équation de Hartree — Fock sous la forme des équations integro-différentielles dont la solution représente les orbitales recherchées.

$$\hat{F}(i) \cdot \Psi_p(i) = \varepsilon_p \cdot \Psi_p(i) \qquad p = 1, 2, \ldots, N'/2 \tag{3.17}$$

ε_p — est appelé l'énergie orbitalaire, l'opérateur de Fock présent ici, est défini comme:

$$\hat{F}(i) = \hat{h}(i) + \sum_{q=1}^{N'/2}\left[2\cdot \hat{J}_q(i) - \hat{K}_q(i)\right] \qquad (3.18)$$

où: $\hat{J}_q(i)$ — l'opérateur de Coulomb,

$\hat{K}_q(i)$ — l'opérateur d'échange.

On définit ces opérateurs en précisant leur action sur l'orbitale $\Psi_q(i)$:

$$\hat{J}_q(i)\cdot\Psi_p(i) = \left[\int \Psi_q^*(j)\cdot k\cdot\frac{e^2}{r_{ij}}\cdot\Psi_q(j)\,d\tau_j\right]\cdot\Psi_p(i)$$

$$\hat{K}_q(i)\cdot\Psi_p(i) = \left[\int \Psi_q^*(j)\cdot k\cdot\frac{e^2}{r_{ij}}\cdot\Psi_p(j)\,d\tau_j\right]\cdot\Psi_q(i) \qquad (3.19)$$

L'énergie orbitalaire ε_p de l'électron en mouvement dans le champ des noyaux peut être décrite de la façon suivante:

$$\varepsilon_p = \int \Psi_p^*\cdot\hat{F}\cdot\Psi_p\,d\tau = \hat{I}_p + \sum_{q=1}^{N'/2}\left(2\cdot J_{pq} - K_{pq}\right) \qquad (3.20)$$

La somme des énergies orbitalaires est égale à:

$$2\cdot\sum_{p=1}^{N'/2}\varepsilon_p = 2\cdot\sum_{p=1}^{N'/2}\hat{I}_p + 2\cdot\sum_{q=1}^{N'/2}\sum_{q=1}^{N'/2}\left(2\cdot J_{pq} - K_{pq}\right) \qquad (3.21)$$

Après avoir comparé le résultat obtenu avec l'équation (3.8), on voit que l'énergie orbitalaire de chaque électron comprend l'énergie moyenne de l'interaction entre cet électron et tous les autres électrons de la molécule [55].

$$E = 2\cdot\sum_{p=1}^{N'/2}\varepsilon_p + \sum_{p=1}^{N'/2}\hat{I}_p\sum_{q=1}^{N'/2}\left(2\cdot J_{pq} - K_{pq}\right) \qquad (3.22)$$

Pour résoudre les équations de Hartree—Fock on peut suivre la méthode numérique. Alors, l'orbitale de Hartree—Fock, sous la forme de la combinaison linéaire de certains fonctions ξ_l est nommée la base et la fonction $\Psi_p(i)$ est définie de la façon suivante:

$$\Psi_p(i) = \sum_{l=1}^{M'} c_{pl} \cdot \xi_l(i) \qquad (3.23)$$

Si l'on substitue l'équation (3.23) aux équations (3.17), et ensuite nous multiplions les équations obtenues par $\xi_k^*(i)$ et nous les intégrons sur les coordonnées, nous en tirerons le système suivant:

$$\sum_{k=1}^{M'} c_{pk}(F_{kl} - \varepsilon_p \cdot S_{kl}) = 0 \qquad l = 1, 2, \ldots, M' \qquad (3.24)$$

où:

$$F_{kl} = h_{kl} + \sum_m^{M'} \sum_n^{M'} \sum_p^{N'/2} c_{pm}^* \cdot c_{pn} [2 \cdot (kl|mn) - (kn|ml)] \qquad (3.25)$$

$$h_{kl} = \int \xi_k^*(i) \cdot \hat{h}(i) \cdot \xi_l(i) \, d\tau_i \qquad (3.26)$$

$$(kl/mn) = \int \xi_k^*(i) \cdot \xi_l(i) \cdot \frac{k \cdot e^2}{r_{ij}} \cdot \xi_m^*(j) \cdot \xi_n(j) \, d\tau_i d\tau_j \qquad (3.27)$$

$$S_{kl} = \int \xi_k^*(i) \cdot \xi_l(i) \, d\tau_i \qquad (3.28)$$

Le système (3.24) est nommé les équations de Hartree—Fock—Roothan et pour le résoudre on se sert de la méthode des approximations successives.

3.2.1. Méthode de l'interaction entre le configurations (CI)

La figure 3.1.a) présente le schéma de la fenêtre énergétique dans la méthode de l'interaction limitée entre les configurations où les spin-orbitales sont partagées en deux sous—ensembles. Dans la configuration électronique de l'état fondamental Ψ_0, les orbitales occupées (k, l, …), font partie du premier sous-ensemble, les orbitales vides (p, q, …) font partie du deuxième sous-ensemble. La figure 3.1.b) montre toutes les configurations de *singlet* (elles sont égales au nombre quantique de spin résultant pour deux électrons S = 0) et aussi les configurations de *triplet* (S = 1), qui résultent des

excitations mono— et biélectriques dans les cadres de la plus petite fenêtre énergétique qui ne contient que les orbitales dites hybrides:
- L'orbitale moléculaire occupée de plus haute énergie (φ_k = HOMO, ang. Highest Occupied Molecular Orbital);
- L'orbitales moleculaire vide de plus basse énergie (inoccupée) (φ_p = LUMO, ang. Lowest Unoccupied Molecular Orbital) [56].

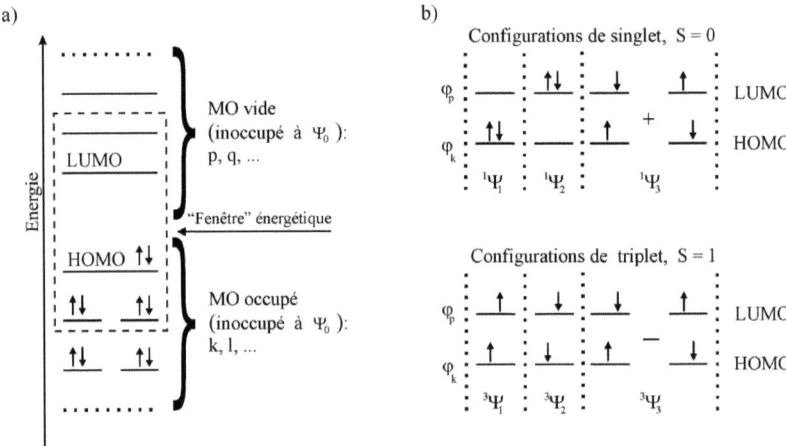

Figure 3.1. a) La fenêtre énergétique dans la méthode de l'interaction limitée entre les configurations où les spin-orbitales sont partagées en deux sous-ensembles des orbitales: occupées (k, l, ...) et vides (p, q, ...) dans la configuration électronique de l'état fondamental Ψ_0 et b) les fonctions des configurations des orbitales hybrides, de singulet et de triplet.

Dans les calculs quantiques — chimiques où on se sert de cette méthode, les états excités qui exigent la variation plus basse de l'énergie des électrons orbitalaires du système, ont la plus grande importance. Pour préciser la plus basse énergie orbitalaire du système, on fixe la fenêtre énergétique (figure 3.1. a) qui contient les excitations qui seront prises en compte lors de la construction de la fonction de configuration des niveaux excités. Les excitations qui dépassent les limites de l'ensemble de niveaux orbitalaires sont omises dans la méthode de l'interaction limitée des configurations. Autrement dit, les orbitales moléculaires, qui se trouve le large de la fenêtre énergétique, définissent l'espace appelée l'espace active des orbitales moléculaire qui sont les éléments les plus importants dans la description des effets de la correlation électronique coulombienne d'un système donné. Lors de la description complète des transformations (p.ex. de la dissociation de la molécule) dans l'espace active, il est nécessaire de prendre en considération les changements de conformation et aussi les réactions chimiques.

Dans la méthode de l'interaction des configurations (CI) la configuration formée des configurations à l'état fondamental à cause du déplacement d'un ou de plusieurs électrons des orbitales occupées aux orbitales vides, représente l'état excité du système. Pour le développement Φ_{CI} nous pouvons prendre les fonctions d'ondes qui correspondent aux différents types des excitations orbitalaires composées des orbitales Hartree—Fock. Les seuls paramètres de variation de cette forme de l'approximation Φ_{CI}, pour la fonction exacte, seront les paramètres A_k:

$$^{S,M'_s}\Phi_{CI} = \sum_{k}^{M'} A_k^{S_k,M'_{sk}} \cdot \Psi_k \qquad (3.29)$$

où: S — le spin résultant,

M'_S — l'orbitale moléculaire.

La condition de la minimalisation de l'énergie conduit alors au système d'équations linéaires:

$$\sum_{k}^{M'} A_k (H_{kl} - E \cdot S_{kl}) = 0 \quad dla \ l = 1, 2, \ldots, M', \qquad (3.30)$$

où:

$$H_{kl} = \left(^{S,M'_{sk}}\Psi_k \cdot \left| \hat{H} \right|^{S_k, M'_{sk}} \cdot \Psi_k \right) \qquad (3.31)$$

Le développement (3.29) sert base à la méthode de l'interaction des configurations. Cette méthode base sur le théorème selon lequel la fonction d'onde antisymétrique quelconque peut être développée en une série infinie de fonctions déterminantes qui ont été construites à la base de l'ensemble complet de fonctions à déterminant individuel.

La fonction d'onde exacte de l'état fondamental à la gaine close peut être écrite sous la forme de CI, c'est-à-dire sous la forme du développement vers le fonction de l'état fondamental Ψ_0 et vers les fonctions des états à la multiplicité d'excitation différente:

$$\Phi_{CI,0} = A_0 \cdot \Psi_0 + \sum_{k=1}^{N'} \sum_{p=N'+1}^{M'} A_{kp} \cdot \Psi_{kp} + \sum_{k=1}^{N'} \sum_{l=1}^{N'} \sum_{p=N'+1}^{M'} \sum_{q=N'+1}^{M'} A_{kp,lq} \cdot \Psi_{kp,lq} + \ldots \qquad (3.32)$$

Le premier terme de cette équation détermine la fonction déterminante de l'état fondamental, construite des orbitales HF. Le deuxième terme détermine la fonction des états excités une seule fois Ψ_{kp}, le troisième terme détermine la fonction des états excités à deux reprises $\Psi_{kp,lq}$. En réalité, cela signifie que lors des calculs effectués on prend en considération les interactions, en fonction de l'énergie.

3.2.2. Théorie des orbitales moléculaires et des liaisons de valence

La théorie des orbitales moléculaires (MO — ang. Molecular Orbital) décrit la formation de la liaison atomique en tant que combinaison mathématique des orbitales atomiques (fonction d'onde) qui forment les orbitales moléculaires, appelées ainsi parce qu'elles font part de la molecule entière, pas d'un atome concret. Nous pouvons présenter les principes fondamentales de la théorie des orbitales moléculaires de la façon suivante [57]:

- ❖ les orbitales moléculaires décrivent une partie de l'espace dans une molécule où se trouvent probablement les électrons;

- ❖ l'orbitale moléculaire est d'une grandeur, forme et énergie caractéristique;

- ❖ le nombre des orbitale moléculaires formées est le même que le nombre des orbitales atomiques à partir des quelles ces combinaisons ont été formées;

- ❖ l'orbitale moléculaire peut être formée seulement quand son énergie est plus basse que l'énergie des orbitales atomiques à partir desquelles elle a été formée. Les orbitales atomiques à telles propriétés sont nommées les orbitales liantes. Les orbitales atomiques dont le recouvrement donne naissance à l'orbitale moléculaire à l'énergie plus élevée que les énergies de sortie des orbitales atomiques, ne peuvent pas participer à la formation des liaisons. Ces orbitales atomiques sont appelées les orbitales anti—liaison.

Dans les calculs où on se sert de la théorie des orbitales moléculaires, on suppose que les noyaux sont infiniment lourds et, en conséquence, les calculs correspondent à la solution de l'équation de Schrödinger sous la forme:

$$\hat{H} \cdot \Psi = E \cdot \Psi \qquad (3.33)$$

avec l'hamiltonien:

$$\hat{H} = -\frac{\hbar^2}{2 \cdot m} \cdot \sum_{i=1}^{N'} \Delta_i + \hat{V} \qquad (3.34)$$

où: N' — le nombre des électrons,

$\hat{V}$ — l'opérateur de l'énergie potentielle qui renferme toutes les interactions électrostatiques,

d'où:

$$\hat{V} = \hat{V}_{ij} + \hat{V}_{je} + \hat{V}_{ee} \qquad (3.35)$$

où: $\hat{V}_{ij}$ — l'opérateur de l'interaction entre les noyaux,

$\hat{V}_{je}$ — l'opérateur de l'interaction entre les noyaux et les électrons,

$\hat{V}_{ee}$ — l'opérateur de l'interaction entre les électrons [55].

L'énergie électronique de l'orbitale moléculaire est égale à:

$$E = E - \hat{V}_{ij} \qquad (3.36)$$

et l'hamiltonien intègre est écrit sous la forme:

$$\hat{H} = -\frac{\hbar^2}{2 \cdot m} \cdot \sum_{i=1}^{N'} \Delta_i - \sum_{\alpha=1}^{M'} \sum_{i=1}^{N'} k \cdot \frac{Z_\alpha \cdot e^2}{r_{\alpha i}} + \sum_{i>j=1}^{N'} k \cdot \frac{e^2}{r_{ij}} \qquad (3.37)$$

où: M' — le nombre des noyaux.

Il est à remarquer que les orbitales déterminent la distribution spatiale des électrons et aussi l'énergie qui est en relation avec cette distribution. Une orbital est déterminée indépendémment de son état d'occupation, et son état énergétique actuel dépend de la distribution des électrons sur les couches accessibles [58]. On se sert souvent da la méthode des orbitales moléculaires dans les calculs quantiques — chimiques. Pour aboutir aux formes finales des orbitales moléculaires, on utilise souvent la méthode du champ autocohérent (la méthode SCF LCAO MO, and. Self Consistent Field Linear Combination of Molecular Orbital), ou, dans les combinaisons linéaires, on tient compte des fonctions relatives aux différents états excités de la molécule et, par conséquent, les corrélations qui se produisent entre le mouvement des électrons qui interagissent (la méthode dite du mélange des configurations — CI, ang. configuration interaction — l'interaction des configurations) [39].

Conformément à la théorie des liaisons de valence, la liaison covalente résulte de la situation où deux électrons s'approchent l'un de l'autre à telle distance que l'orbitale d'un atome, occupée par un seul électron, recouvre l'orbitale de l'autre atome, occupé par un seul électron. Ces paires des électrons dans les orbitales recouvertes subissent l'attraction vers les noyaux des deux atomes. Ainsi naît l'orbitale moléculaire de liaison.

La théorie des liaisons de valence est basée sur les principes suivants:

- ❖ le recouvrement des orbitales moléculaires qui contient les électrons avec les spins aux sens opposes, entraîne la formation des liaisons moléculaires;
- ❖ chaqu'un des atomes liés garde ses propres orbitales covalentes, par contre la paire électronique des orbitales qui se recouvrent est en commun pour les deux atoms. Plus les orbitales se recouvrent, plus la liaison devinet forte [57].

3.3. Calculs théoriques des propriétés optiques non-linéaires

Dans cette thèse nous adaptons les méthodes semi-empiriques pour les calculs des grandeurs optiques non—linéaires. Ces méthodes sont basées sur la division des électrons de la molécule donnée en deux sous-ensembles: le premier — où appartiennent les électrons des orbites internes de tous les atomes de la molécule donnée, et le deuxième — où se trouvent les électrons de valence des atomes. La première simplification qu'on introduit dans toutes les méthodes semi-empiriques s'exprime sous la forme du principe selon lequel les électrons des orbites internes et les noyaux forment un tronc non polarisable. Ça veut dire que pour les électrons de valence ils ne sont que la source d'un certain potentiel électrostatique. Le principe suivant qui rend possible la différentiation des méthodes à l'intérieur de ce groupe est l'approximation neuter dite de la diffusion différentielle (ZDO) où on admet que:

$$\phi_{\mu A}(1) \cdot \phi_{\nu B}(1) = 0 \qquad dla \ \mu_A \neq \nu_B \tag{3.38}$$

où: $\phi_{\mu A}$ — la fonction d'onde provenant de l'atome A,

$\phi_{\nu B}$ — la fonction d'onde provenant de l'atome B.

Les calculs ultérieurs peuvent être réalisés de différentes manières, en fonction des simplifications admises. C'est pourquoi on peut distinguer beaucoup de méthodes dans chaque sous—groupe. Les calculs quantiques-chimiques dans la thèse présente ont été effectués en application de la méthode dite l'approximation neuter de la diffusion différentielle ZDO. Dans cette méthode on a distingué la direction représentée par la méthode AM1 (Austin Model 1) et PM3 (Parametric Method 3). Ces méthodes permettent la comparaison des résultats calculés aux résultats experimentaux. Il est possible d'obtenir l'énergie plus basse que l'énergie de l'état fondamental grâce à la sélection convenable des paramètres. Mais cela est impossible pour les fonctions qui satisfont au principe d'exclusion de Pauli, conformément au principe de variation. Dans ces méthodes on se sert de l'approximation empirique et de l'approximation regardant toutes les intégrals du recouvrement S [55].

$$S_{\mu_A \nu_B} = \delta_{\mu_A \nu_B} \delta_{AB} \tag{3.39}$$

et partiellement, pour les intégrales décrites par l'expression (3.10) et (3.11).

En fonction de la forme de l'intégrale du recouvrement adoptée pour les calculs, on obtient des formes différentes de l'équation de Hartree—Fock—Roothan. Le tableau 3.1. présente la division des méthodes semi-empiriques en fonction du type de l'intégrale du recouvrement.

Comme nous l'avons déjà montionné, dans les méthodes du type AM1 et PM3, le choix des paramètres de sortie s'effectue de manière à ce que les résultats calculés soient les plus proches aux données expérimentales. Dans les itérations suivantes, le choix des paramètres est commandé de telle façon que les valeurs de l'énergie totale du système seront inférieures à la somme des énergies de tous les atomes de la molécule dans à leur état fondamental.

Pour simplifier la représentation mathématique et pour la rendre plus claire, certaines grandeurs des équations (3.24) sont écrites sous la forme simplifiée, en employant le symbole $(...)$ pour désigner l'intégrale en question et le symbole μ_A pour désigner la fonction ϕ_μ qui provient de l'atome A [55].

Tableau 3.1. La division des méthodes semi—empiriques en fonction de l'intégrale du recouvrement qui constitue un élément de l'équation Hartree—Fock—Roothan (3.24). Les désignations utilisées dans ce tableau: μ_A — l'orbitale de la couche de valence de l'atome A; ν_B — l'orbitale de la couche de valence de l'atome B; λ_c — l'orbitale de la couche de valence de l'atome C; σ_D — l'orbitale de la couche de valence de l'atome D; δ_{AB} — le delta de Kroeneker.

CNDO Complete Neglect of Differential Overlap	$(\mu_A\nu_B\|\lambda_C\sigma_D) = (\mu_A\mu_A\|\lambda_C\lambda_D)\delta_{AB}\delta_{CD}\delta_{\mu\nu}\delta_{\lambda\sigma}$	(3.40)
INDO Intermediate Neglect of Differential Overlap	$(\mu_A\nu_B\|\lambda_C\sigma_D) = (\mu_A\nu_A\|\lambda_C\sigma_C)\delta_{\mu_A\nu_B}\delta_{\lambda_C\sigma_D}$	(3.41)
NDDO Neglect of Diatomic Differential Overlap	$S_{\mu_A\nu_B} = \delta_{\mu_A\nu_B}\delta_{AB}$ $(\mu_A\nu_B\|\lambda_C\sigma_D) = (\mu_A\nu_A\|\lambda_C\sigma_C)\delta_{AB}\delta_{CD}$	(3.42)
PM3 Population Mechanics	$(\mu_A\nu_B\|\lambda_c\sigma_D) = (\mu_A\nu_A\|\lambda_C\sigma_C)$	(3.43)

En plus, on a déterminé les paramètres supplémentaires pour simplifier la représentation:

❖ Le paramètre $U_{\mu_A\mu_A}$, qui conformément à la définition

$$U_{\mu_A\mu_A} = \left(\mu_A \cdot \left|-\frac{1}{2}\cdot\Delta_1 - V_A\right| \cdot \mu_A\right) \quad (3.44)$$

est un paramètre local dont la valeur est caractéristique pour l'atome donné. Dans les calculs, on accepte a priori les valeurs de ce paramètre qui ont été déterminées à la base du spectre de l'absorption des atomes isolés.

❖ Les intégrales monocentriques à deux électrons $(\mu_A \nu_A | \lambda_A \sigma_A)$, dont les valeurs ont été déterminées à la base des spectres atomiques et qui sont également acceptées a priori;

❖ Les intégrales bicentriques $(\mu_A \nu_A | \lambda_C \sigma_C)$, $A \neq C$. Au sens phisique, ces intégrales représentent l'énergie de l'interaction entre deux électrons dont les distributions de la densité sont concentrées dans l'environnement des noyaux A et C;

❖ Les intégrales bicentriques de résonance qui d'après la définition sont écrites sous la forme:

$$\beta_{\mu_A \nu_B} \equiv H^c_{\mu_A \mu_B} = \left(\mu_A \cdot \left| -\frac{1}{2} \cdot \Delta_1 - V_A - V_B \right| \cdot \nu_B \right) \quad \mu_A \neq \nu_B \qquad (3.45)$$

❖ Les intégrales V_{AB}, qui, conformément à la definition, sont écrites de la façon suivante:

$$V_{AB} = \left(\mu_A \cdot |V_B| \cdot \nu_A \right) \quad A \neq B \qquad (3.46)$$

En général, ces intégrales peuvent être approchées par l'équation:

$$V_{\mu_A \nu_B B'} = -Z'_B \cdot \left(\mu_A \cdot \nu_A | s_A \cdot s_B \right) \qquad (3.47)$$

La solution de l'équation (3.24) est exprimée sous la forme de l'expression représentant l'énergie électronique du système de l'atome:

$$E_{calk} = E_{el} + C_{AB} = E_{el} + \sum_{A<B} \sum_B \frac{Z'_A \cdot Z'_B}{R_{AB}} \qquad (3.48)$$

A l'aide des méthodes AM1 et PM3 nous calculons les grandeurs de base caractéristiques pour la molécule, telles que: les moments dipolaires, les énergies des niveaux HOMO et LUMO, etc. Grâce à ces methods, il est possible d'évaluer la valeur théorique de l'hyperpolarisabilité optique $\gamma^*_{t_{ijkl}}$, qui décrit les propriétés optiques non-linéaires de la molécule au niveau microscopique. L'expression citée ci-dessous a été employée pour calculer cette garndeur:

$$\gamma^*_{t_{ijkl}} \cong \frac{\mu^2_{ij,(eg)} \cdot \mu^2_{kl,(eh)}}{\left(E^2_{eg} - \frac{E^2_{gh}}{4} + \Gamma \right)} \qquad (3.49)$$

où : $\mu_{ij,(eg)}$ — la variation du moment dipolaire dont la valeur est la différence entre le premier état excité (e) et l'état fondamental (g),

μ_{eh} — la variation du moment dipolaire dont la valeur est la différence entre le premier état excité (e) et l'état excité suivant (h),

E_{eg} — l'énergie de transition entre l'état fondamental (g) et le premier état excité (e),

E_{eh} — l'énergie de transition entre le premier état excité (e) et l'état excité suivant (h),

Γ — la largeur de bande à mi-hauteur.

Il faut souligner que les calculs de la valeur de l'hyperpolarisabilité optique première ordre sont basés sur le modèle à deux niveaux où le premier niveau excité de la molécule est considéré comme le niveau de sortie [59]. Par contre, l'évaluation de la valeur théorique de l'hyperpolarisabilité optique du second ordre $\gamma^*_{t_{ijkl}}$ est basée sur le modèle à trois niveaux de la molécule; le schéma de ce modèle est présenté à la figure 3.2. [60, 61].

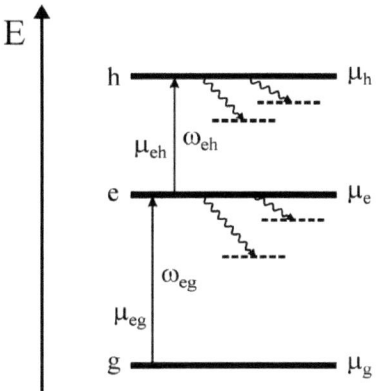

Figure 3.2. Modèle fondamental de la molécule à trois niveaux qui sert de la base pour les calculs de la valeur de l'hyperpolarisabilité optique du second ordre. Les désignations à la figure: „g" — le niveau énergétique normal (ground state); „e", „h" — relativement: le premier et le second état excités qui sont calculs par la méthode des interactions des configurations (configuration interaction CI);. μ_e, μ_g, μ_h — les moments dipolaires statiques niveaux énergétiques particuliers; μ_{eg}, μ_{eh} — les moments dipolaires de l'état excité; E_{eg}, E_{eh} — les énergie d'excitation.

Si les orbitales atomiques sont occupées conformément au principe d'exclusion de Pauli, c'est-à-dire tous les électrons occupent les orbitales aux énergies plus basses, on dit que l'atome est dans l'état électronique fondamental. Le passage de quelconque des électrons à un niveau (vide) à l'énergie plus élevée provoque la transition de l'atome vers l'état dit excité. Le changement des configurations des électrons qui est en relation avec l'absorption dans le cas du retour à l'état fondamental – avec l'emission du photone à l'énergie convenable est nommé la transition électronique. L'analyse des transitions électroniques permet la spécification de la structure électronique, du caractère des liaisons et des autres propriétés physiques des molécules.

La figure 3.3. montre un exemple de la distribution des niveaux HOMO et LUMO. Il est possible de déterminer les valeurs énergétiques de ces niveaux en se servant du programme HyperChem. La différence entre l'état énergetique fondamental et le premier état excité détermine la valeur de l'écart énergétique.

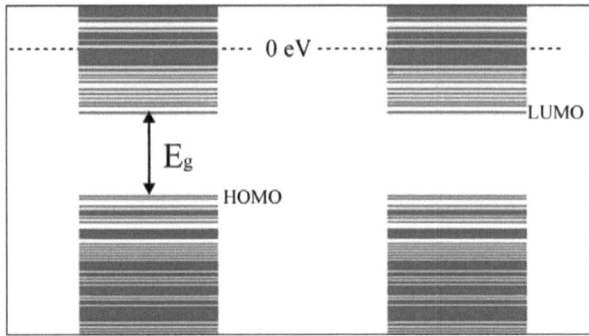

Figure 3.3. L'exemple de la distribution des niveaux HOMO et LUMO dans le matériau organique; cette distribution rend possible la détermination des valeurs énergétiques de ces niveaux.

3.4. Création du modèle de la molécule et la présentation graphique des molécules dans le programme HyperChem

La création du modèle de la molécule est réalisée par le module Model Builder. Ce programme contient les informations concernant de la valeur des éléments, la longueur des liaisons et des angles entre eux, de la géométrie des ligands, etc. Le programme contient aussi les informations concernant les propriétés physiques et chimiques de base de chaque élément; ces données sont présentées sous la forme du tableau [62, 63].

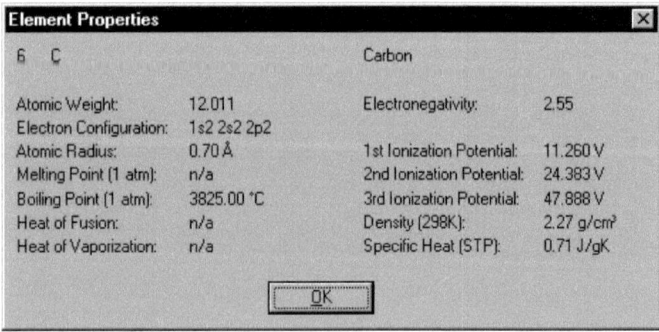

Figure 3.4. L'exemple de la fenêtre du module Model Builder pour l'atome de carbone. On a présénte les paramètres physiques et chimiques fondamentals pour cet élément.

Le modèle complet tridimentionnel de la molécule est créé automatiquement, comme le résultat du processus d'itération de l'optimisation de la géométrie de la molécule qui s'appuie sur l'ensemble des principes renfermés dans ce programme. Le point de sortie de l'optimisation est la structure géométrique de la molécule qui est déterminée par l'utilisateur. En construisant les modèles de sortie des molécules des composés qui ont été étudiés dans cette thèse, nous avons accepté les mêmes longueurs de sortie des liaisons et les mêmes valeurs des angles entre elles. Ces valeurs ont été présentées dans le tableau 3.1.

Tableau 3.1. Les exemples des longueurs des liaisons et des valeurs des angles entre les liaisons: pour l'oxygène, le carbone et l'hydrogène qui sont utilisées pour la construction du modèle de sortie des molécules des composés organiques étudiés.

$C-C$	$1,44 \cdot 10^{-10}$ m	On considère les angles entre les liaisons formées par les atomes de carbone et d'oxygène à l'hybridation sp^2 comme égaux à 120°, les angles entre les liaisons de l'atome d'oxygène du groupe COH à l'hybridtion sp^3 sont égaux à 109°.
$C=C$	$1.39 \cdot 10^{-10}$ m	
$C-O$	$1,35 \cdot 10^{-10}$ m	
$C=O$	$1,25 \cdot 10^{-10}$ m	
$C-H$	$1,10 \cdot 10^{-10}$ m	
$O-H$	$1,00 \cdot 10^{-10}$ m	

Après avoir fini l'optimisation de la structure géométrique de la molécule, on choisit la méthode de calcul appropriée. Ce choix dépend des paramètres calculs. La figure 3.5 présente le schéma-bloc du programme HyperChem.

Chapitre 3. **Partie théorique**

Création et édition graphique

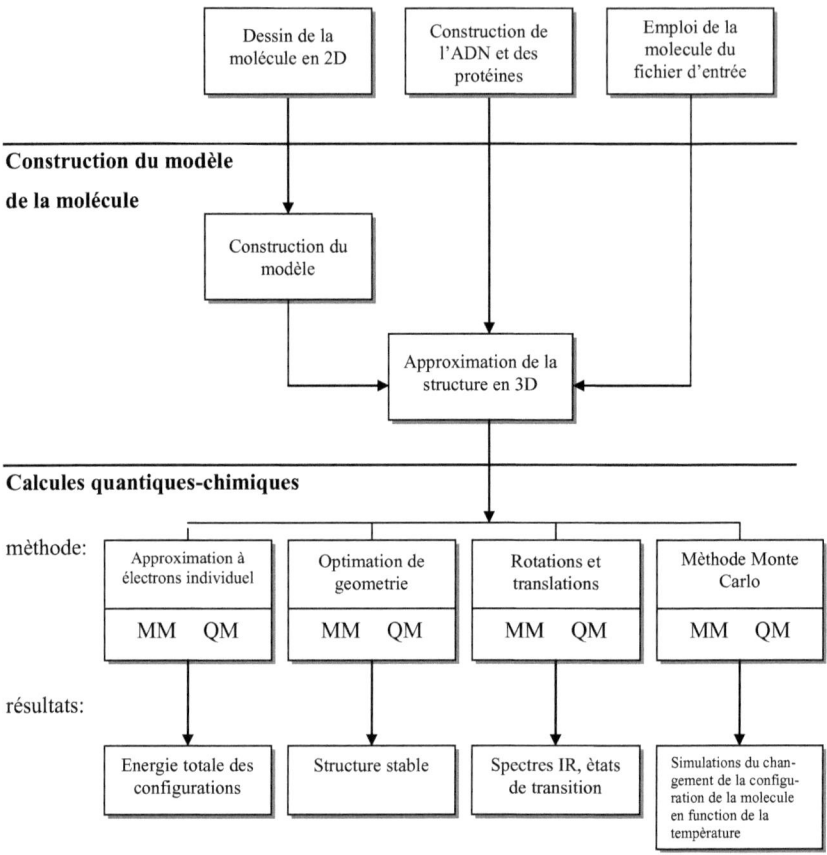

Rysunek 3.5. Le schèma-bloc du programme HyperChem (MM — les méthodes de calcule de la méchanique moléculaire; QM — les méthodes de calcule semi-empiriques).

Chapitre 4. Propriétés chimiques des composés organiques

Le quatrième chapitre est consacré à la présentation des types des liaisons chimiques qui sont caractéristiques pour les matériaux oraganiques. Nous présentons le processus de la formation des orbitales moléculaires des orbitales atomiques et aussi la structure des composés organiques.

4.1. Liaisons chimiques et structure des composés organiques

La solution de l'équation de Schrödinger définit cette partie de l'espace autour du noyau dans laquelle la probabilité de l'existence de l'électron (ou de la paire électronique) est plus élevée. Cette partie de l'espace est nommée l'orbitale atomique. Il existe plusieures solutions de l'équation de Schrödinger. Elles expriment une dépendance compliquée entre l'énergie du système et ses propriétés d'ondes. Chaque solution est appelée la fonction d'onde et elle correspond à l'énergie déterminée qu'un électron peut prendre dans un atome [64]. L'orbitale atomique est nettement déterminée par l'énergie, la forme et l'orientation de l'espace. On distingue quatre types différents des orbitales, désignées à l'aide des lettres s, p, d et f. Dans les composés organiques les orbitales du type s et p jouent le rôle le plus important. La symétrie de l'orbitale s est sphérique, avec le noyau au centre. L'orbitale p n'est pas symétrique sphériquement, pourtant elle démontre une orientation de l'espace déterminée. La forme de l'orbitale p ressemble à un "huit spatial".

Pour qu'une liaison chimique puisse se former les atomes des éléments doivent s'approcher l'un de l'autre (en conséquence leurs orbitales se recouvriront) et, en outre, leurs électrons doivent être repartis de manière a ce que les paires des électrons liants puissent s'en former [65]. Par suite du recouvrement de deux orbitales dans la direction de l'axe qui unit les centres de deux noyaux la liaison du type σ est formée. Cependant par suite du recouvrement latéral des orbitales, par ex. des orbitales du type p, la liaison du type π est formée. Le fait que la plus grande concentration du nuage électronique apparaît au-dessus et au-desous de l'axe de la molécule constitue le trait caractéristique des du type π. La figure 4.1. montre les formes et les orientations de l'espace des orbitales moléculaires en fonction du genre des orbitales atomiques et de la façon du recouvrement.

a)

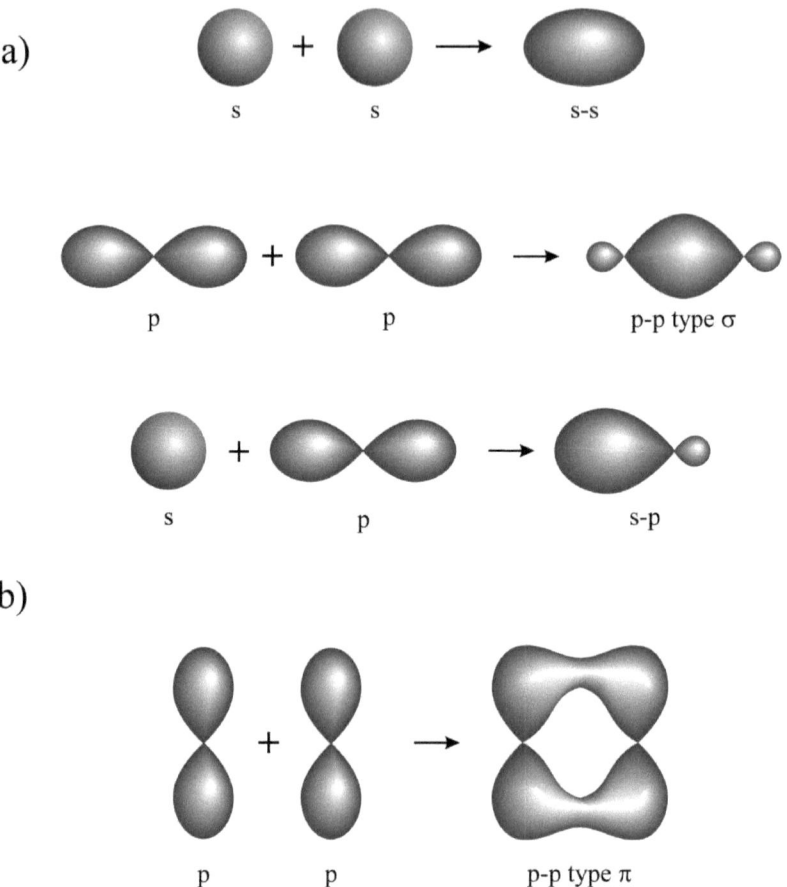

b)

Figure 4.1. L'interprétation spatiale de la formation des orbitales moléculaires par suite du recouvrement axial (a) et latéral (b).

Il existe beaucoup de composés chimiques dans lesquels les valeurs des angles entre les liaisons de la molécule, calculées expérimentalement, diffèrent des valeurs des angles qui résultent de l'orientation de l'espace des orbitales atomiques qui forment ces liaisons. On peut expliquer ces différences grâce à la théorie de l'hybridation. Selon cette théorie les orbitales de l'atome de la molécule donnée qui se trouvent aux niveaux énergétiques différents, sont uniformisées. Le processus de la formation de l'ensemble des orbitales atomiques, similaires et dirigées dans l'espace, est appelé l'hybridation et de nouvelles orbitales on appelle les orbitales hybrides.

Il existe beaucoup de composés chimiques qui ne proviennent pas de l'état fondamental mais de l'état excité de valence de l'atome en question. L'atome de carbone dans l'état excité possède un électron de valence dans l'orbitale $2s$ et trois électrons non appariés dans les orbitales $2p$. Dans la molécule de méthane toutes les quatre liaisons entre les atomes de carbone et de l'hydrogène sont de la même longueur. Il en résulte que les orbitales atomiques primaires ne participent pas à la formation mais de nouvelles orbitales hybrides de l'atome de carbone. Les combinaisons linéaires qui correspondent a ces orbitales hybrides sont décrites sous la forme suivante:

$$h_1 = s + p_x + p_y + p_z$$
$$h_2 = s - p_x - p_y + p_z$$
$$h_3 = s - p_x + p_y - p_z$$
$$h_4 = s + p_x - p_y - p_z$$

(4.1)

En conséquences il existe des interférences constructives et destructrices entre les zones positives et négatives des orbitales composantes, une grande partie de chaque orbitale hybride est dirigée vers les coins du tétraèdre regulier. Puisque chacune de ces orbitales est formée à la base d'une orbitale du type s et de trois orbitales du type p, une telle hybridation est appelée l'hybridation du type sp^3 (tétraèdrique), et les orbitales formées – les orbitales hybrides sp^3 (rysunek 4.2.) [66].

Si les orbitales hybrides ne sont pas le résultat de la fusion de quatre orbitales atomiques mais seulement de trois orbitales — l'une du type s et deux du type p, alors par suite de l'interférence trois orbitales hybrides sp^2 sont formées:

$$h_1 = s + \sqrt{2}p_x$$
$$h_2 = s - \sqrt{\frac{1}{2}}p_x + \sqrt{\frac{3}{2}}p_y$$
$$h_3 = s - \sqrt{\frac{1}{2}}p_x - \sqrt{\frac{3}{2}}p_y$$

(4.2)

Les orbitales hybrides du type sp^2 sont situées sur le même plan et elles sont dirigées vers les coins du triangle équilatéral. Trois orbitales du type sp^2 sont situées sur le plan en faisant entre elles l'angle de 120°, avec l'orbitale restante p, perpendiculaire au plan sp^2. C'est pourqoi ce type de l'hybridation est appelé aussi l'hybridation trigonale. La troisième orbitale $2p_z$ ne participe pas à l'hybridation et son axe est perpendiculaire au plan où les orbitales hybrides sont situées (la figure 4.2). L'hybridation sp (linéaire) constitue le troisième genre de l'hybridation de l'atome de carbone. Ce genre de l'hybridation se produit lorsque les orbitales hybrides sont formées à la base d'une orbitale s et d'une orbitale p:

$$h_1 = s + p_z$$
$$h_2 = s - p_z$$
(4.3)

Les orbitales s et p sont situées le long de l'axe z.

Les types de l'hybridation de l'atome de carbone, le nombre et l'orientation de l'espace des orbitales hybrides dans l'atome sont rassemblés dans le tableau 4.1.

Tableau 4.4. Le système spatiale des orbitales hybrides, en fonction du genre de l'hybridation.

Nombres des orbitales	Forme des orbitales	Hybridation
2	Linéaire	sp
3	Le triangle équilateral	sp^2
4	Tétraèdrique	sp^3

D'un côté, la théorie de l'hybridation explique la formation des liaisons covalentes de la même importance des orbitales de l'atome donné qui diffèrent quant à la énergie. De l'autre côté, elle permet la prévision de la configuration spatiale des atomes ou bien de la structure spatiale des molécules. Les orbitales hybrides forment les liaisons plus fortes que les orbitales atomiques primaires et les composés qui sont formés à la base des orbitales hybrides sont plus stables. La formation de la liaison plus forte entraîne, entre autres, l'amélioration du bilan électronique défavorable de transition de l'état fondamental vers l'état excité de valence [67, 68].

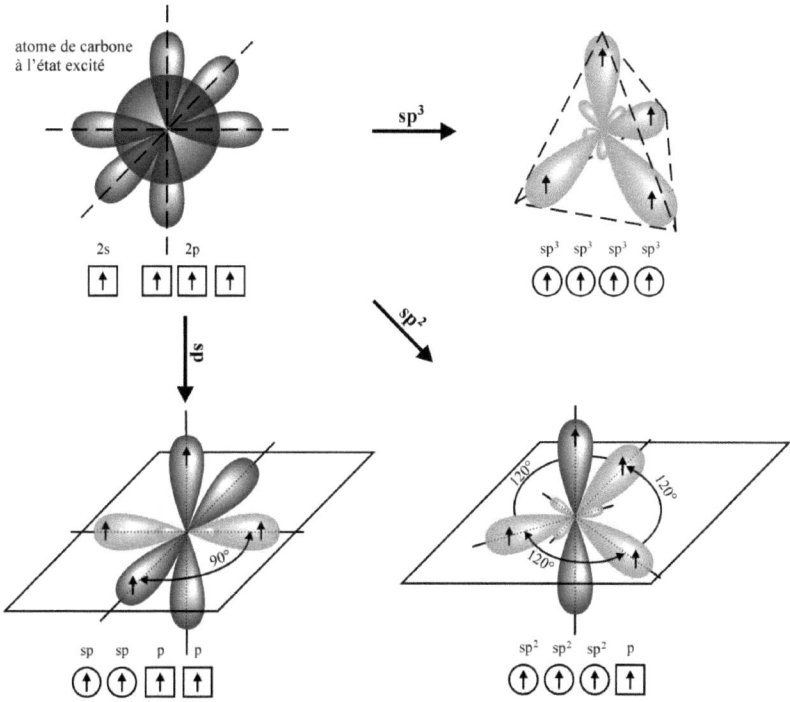

Figure 4.2. Trois types de l'hybridation de l'atome de carbone. Les orbitales non-hybrides ont été marquées en gris, les orbitales hybrides — en bleu. Les diagrammes présentent les configurations des électrons de valence.

Les atomes de carbone sont capables de s'unir grâce à quoi ils peuvent former des squelettes de carbone compliqués de plusieurs millions des composés organiques connus. L'éthane est une molécule la plus simple qui contient la liaison carbone-carbone (la figure 4.3.). Dans la molécule de l'éthane les atomes de carbone sont unis avec une simple liaison du type σ qui est le résultat du recouvrement axial de deux orbitales de chaque atome. Les trois autres orbitales hybrides sp^3 de chaque atome de carbone se recouvrent avec les orbitales de l'atome d'hydrogène. Cela conduit à la formation de six liaisons C—H ce qui a été présenté à la figure 4.3.

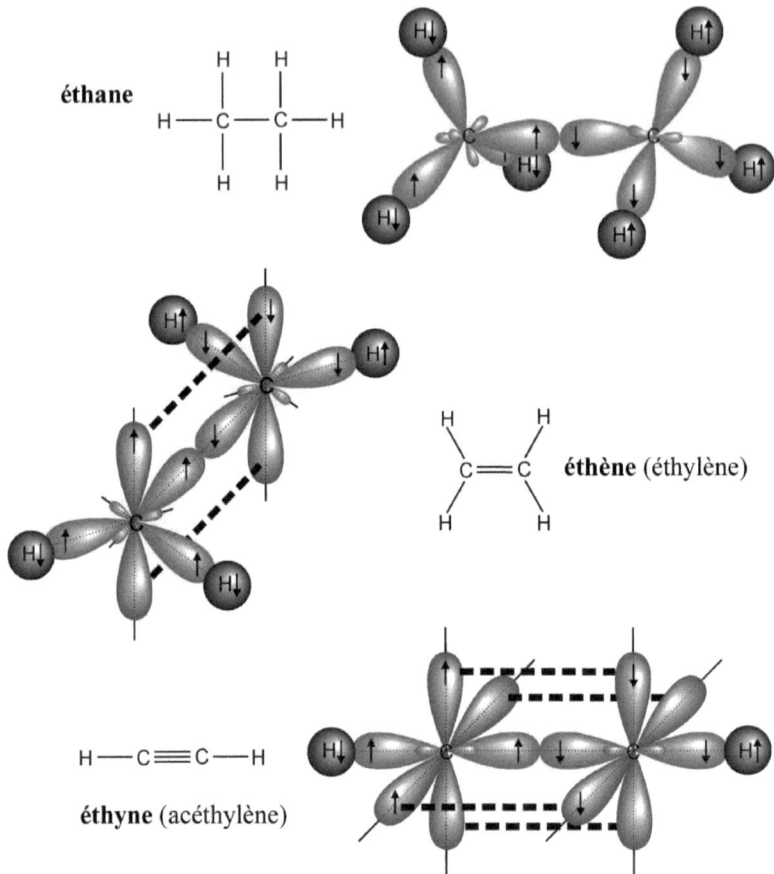

Figure 4.3. Structure des molécules de l'éthane, éthène et éthyne et le façon du recouvrement des orbitales électroniques à l'hybridation qui font naître les liaisons dans ces molécules. Les orbitales de valence $1s$ de l'atome d'hydrogène ont été marquées en noir, les orbitales non-hybrides du type p de l'atome de carbone ont été marquées en gris, les orbitales hybrides de l'atome de carbone – en bleu. Les traits interrompus représentent le recouvrement latéral des orbitales qui forment la liaison du type π.

Dans la molécule de l'éthylene, les atomes de carbon peuvent garder la tétravalence seulement dans le cas ou deux atomes auront quatre électrons en commun, donc ils seront unis avec la double liaison (la figure 4.3). Cela signifie que deux atomes de carbone à l'hybridation sp^2 s'approchent l'un de l'autre et, en conséquence du recouvrement axial sp^2–sp^2, ils forment la liaison σ. En même temps, les orbitales non-

58

hybrides *p* de chaque atome de carbone s'approchent, à la geometrie convenable au recouvrement lateral, ce qui mène à la formation de la liaison π [57]. À part de la formation de la liaison simple et double par suite de la mise en commun de deux et quatre électrons, l'atome de carbone est capable de former la liaison triple ce qu'on observe par ex. dans la molécule d'acéthylène. Dans ce cas deux atomes de carbone à l'hybridation *sp* sont liés par une liaison σ (*sp—sp*) et par deux liaisons π (*p—p*).

Un genre particulier des liaisons entre les atomes de carbone peut être observé dans les noyaux aromatiques dont l'exemple classique est la molécule de benzène. Dans le noyau de benzène, tous les atomes de carbone ont l'hybridation sp^2. Une de trois orbitales sp^2 de chaque atome de carbone du benzène participe à la formation la liaison σ avec l'atome d'hydrogène. Deux orbitales sp^2, qui ne participent pas à la formation du liaison carbone-hydrogène forment les liaisons σ avec les orbitales sp^2 des atomes de carbone voisins. Les électrons des orbitales *p* des atomes de carbones ne forment pas les doubles liaisons classiques π, qui résultent du recouvrement latéral mais chaque orbitale *p* interagit avec deux orbitales *p* des atomes de carbone voisins. En conséquence, six électrons *p* deviennent communs pour tous les atomes de carbone et cela donne naissance à l'orbitale des électrons délocalisés *p* à la forme de deux anneaux qui se trouvent par dessus et par dessous du plan de l'anneau des atomes de carbone. La figure 4.4. présente la structure électronique du benzène.

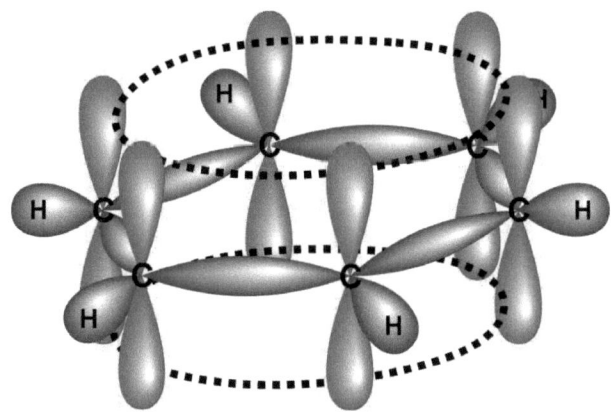

Figure 4.4. La structure électronique du benzène. Les orbitales moléculaires σ ont été marquées en gris. Les six orbitales *p* qui forment l'anneau des électrons délocalisés π ont été marquées en rouge.

4.2. Propriétés des molécules

Les besoins d'application entraînent la recherche intensive des matériaux d'un bon rendement pour l'optique linéaire, c'est-à dire des matériaux qui possèdent de fortes propriétés optiques non-linéaires. Dans cette recherche les composés organiques qui démontrent une grande susceptibilité optique non-linéaire et qui se laissent facilement modifier, occupent la place très importante.

Le premier groupe des matériaux organiques examinés dans cette thèse forment les composés chimiques qui possèdent un vaste système des liaisons multiples ce qui est favorable à la délocalisation des électrons sous l'influence d'un fort champ électrique externe. Ces composés possèdent le système conjugué des liaisons multiples carbone-carbone et aussi un nombre élevé des électrons π.

Le deuxième groupe des matériaux forment les complexes dits EDA (électron-donneur-accepteur) Ce sont les composés au transfert de charge (charge-transfert). Les molécules de ce type sont formées par suite de la fusion de deux molécules stables qui peuvent exister fermément. Une molécule joue le rôle de donneur des électrons et l'autre joue le rôle de l'accepteur des électrons. Le donneur peut rendre la paire électronique inoccupée (le donneur n) ou la paire électronique soit de l'orbitale π de la double liaison soit du système aromatique (le donneur π). L'électron est déplacé à grandes distances ce qui provoque une forte redistribution de la charge et, en conséquence, l'absorption intensive du rayonnement électromagnétique [66]. Les complexes EDA font partie d'une vaste classe des composés additionnels (les complexes moléculaires, les complexes donneurs-accepteurs), qui peuvent être formés par suite du déplacement non seulment des électrons mais aussi des ions, des atomes ou d'autres parties des molécules (par ex. les complexes protons-donneurs-accepteurs) choisis d'une molécule (du donneur) vers l'autre (l'accepteur).

Les propriétés optiques non-linéaires du troisième ordre de tous les composés organiques mis aux investigations, dépendent de la configuration électronique de ces composés.

Pour déterminer la configuration électronique de l'atome, il faut suivre trois principes suivants:

❖ lorsque le nombre des électrons d'un élément augmente en même temps que le nombre atomique. Les électrons successifs occupent d'abord ces orbitales disponibles qui sont de basse énergie. S'il s'agit des éléments de quatre premiers périodes du système, nous pouvons présenter l'ordre de l'occupation des orbitales électroniques en se servant du schéma suivant:

$$1s \to 2s \to 2p \to 3s \to 3p \to 4s \to 3d\;;$$

- ❖ deux électrons pour lesquels tous les quatre nombres quantiques ont la même valeur ne peuvent pas coexister dans l'atome (le principe d'exclusion de Pauli). Il en résulte que la simple orbitale peut être occupée au maximum par deux électrons dont les spins sont opposés;

- ❖ dans le cas où deux (ou plusieures) orbitales vides aux énergies identiques sont disponibles, elles sont occupées, tour à tour, par les simples électrons aux spins parallèles. Quand toutes les orbitales à l'énergie identique sont occupées par les électrons non appariés (de la sous-couche électronique), les pauires électroniques se forment alors – le principe de Hund;

Chapitre 5. Méthode de mesure de la susceptibilité électrique non-linéaire du troisième ordre

Dans le chapitre présent nous présentons la méthode expérimentale dont nous nous sommes servis pour déterminer les propriétés optiques non-linéaires du troisième ordre dans les fullerènes modifiés, les polyènes conjuguées et les oligothiénylènevinylènes. Nous avons présenté la description de l'ensemble expérimental qui sert à mesurer le rendement du mélange quatre ondes et la transmission de la lumière.

5. 1. Mélange quatre ondes dégénéré

Le mélange quatre ondes (ang. *Four Wave Mixing — FWM*), appelé aussi le mélange quatre faisceaux de la lumière ou le mélange des fréquences, est un processus optique du troisième ordre dans lequel trois ondes, qui se propagent dans le milieu non-linéaire, entraînent la formation de la quatrième onde [27]. Dans cette thèse nous avons appliqué la méthode du mélange quatre ondes dégénéré (*DFWM*) pour déterminer les propriétés optiques non-linéaire du troisième ordre des échantillons étudiés. À la figure 5.3., nous avons présenté le schéma de l'ensemble expérimental que l'on a utilisé pendant les études, en appliquant la méthode DWFM. La figure 5.2. présente la photographie de cet ensemble. Dans cette expérience nous avons utilisé un laser Quantel modèle Nd : YAG 472 qui émet un faisceau de lumière cohérent et monochromatique à la longueur d'onde 532 nm et à la puissance maximale de 3 mJ. Les impulsions, d'une durée 30 ps, sont délivrées à la fréquence de 1 Hz. Dans le but de s'assurer de la fiabilité des mesures et pour se protéger contre d'éventuelles vibrations, l'ensemble optique repose sur une table de granit. D'abord, le faisceau laser traverse le système autoconvergent qui, sur le schéma, est désigné à l'aide du symbole S-A. Ensuite le faisceau laser est dirigé sur la lame séparatrice BS-1et, par conséquent, il atteint la photodiode synchronisante (F_s). Puis, le faisceau est dirigé sur une lame demi onde et sur un polariseur de Glan (les instruments optiques, placés dans cette ordre, jouent le rôle de filtre et servent à modifier l'intensité du faisceau incident). Après avoir traversé le polariseur, le faisceau laser est dirigé sur la lame séparatrice BS-2 de taux de réflexion de 6%. En conséquence, nous obtenons le faisceau réfléchi <3>, dit sonde, à l'intensité environ 100 fois plus basse que celle du faisceau incident. Cette partie du faisceau laser qui traverse la lame est dirigée ensuite sur la lame séparatrice BS-3 de taux de réflexion 50%, à la suite de cela nous obtenons deux faisceaux <1> et <2> dits pompes. Les intensités des faisceaux pompes <1> et <2> sont, par approximation, de la même valeur. L'angle entre le faisceau pompe <1> et le faisceau sonde <3> est d'environ 12°. Dans le but d'assurer de bonnes conditions expérimentales, il importe que les chemins optiques de tous les faisceaux soient les mêmes. On obtient cela en allongeant ou en raccourcissant les segments désignés sur le schéma à l'aide de R1, R2, R3. Sur le chemin des faisceaux <1>, <2>, <3>, nous avons mis les polariseurs de Glan et les lames demi onde qui servent à changer la direction de la polarisation (verticale et horizontale) de la lumière incidente à l'échantillon "P". La formation de l'onde <4> dans l'échantillon est le résultat de l'interaction de trois ondes avec le milieu non-linéaire. L'onde <4>, comme les autres ondes, possède une polarisation linéaire, pourtant sa polarisation est inverse par rapport à la polarisation du faisceau <3> de 90°. Le faisceau <4> a le sens opposé au sens de l'onde <3>, et, après avoir traversé la lame demi onde, il atteint la lame séparatrice BS-5 pour ensuite atteindre le photomultiplicateur (PM). La mesure de l'intensité du faisceau <4> s'effectue à l'aide d'un photomultiplicateur du type Hamamatsu R-375. L'ordinateur du type PC enregistre automatiquement les résultats des mesures. Sur la figure 5.1., est présenté un exemple de mire d'essai provenant de l'oscilloscope.

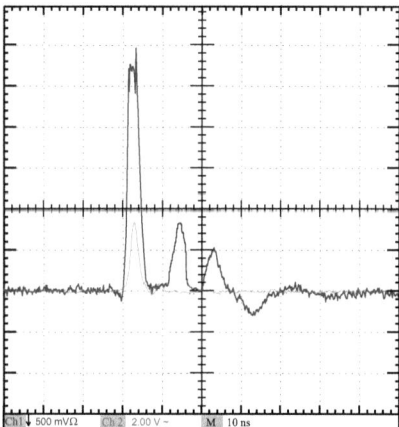

Figure 5.1. Exemple de mire d'essai provenant de l'oscilloscope. La base de temps de 10 ns. du signal provenant du photomultiplicateur est de 10 ns (le canal Ch1 – la ligne bleue), la réponse du signal de reference (le canal Ch2 – la ligne rouge).

La lecture du signal émi par le photomultiplicateur se fait à l'aide de l'oscilloscope – Tektronix TDS 3054 Digital Phosphor Oscilloscope. Pour que les résultats des mesures soient précis au maximum, il est nécessaire de synchroniser le signal provenant du photomultiplicateur (le canal Ch1 – la ligne bleue) avec la réponse du signal de référence (le canal Ch2 – la ligne rouge).

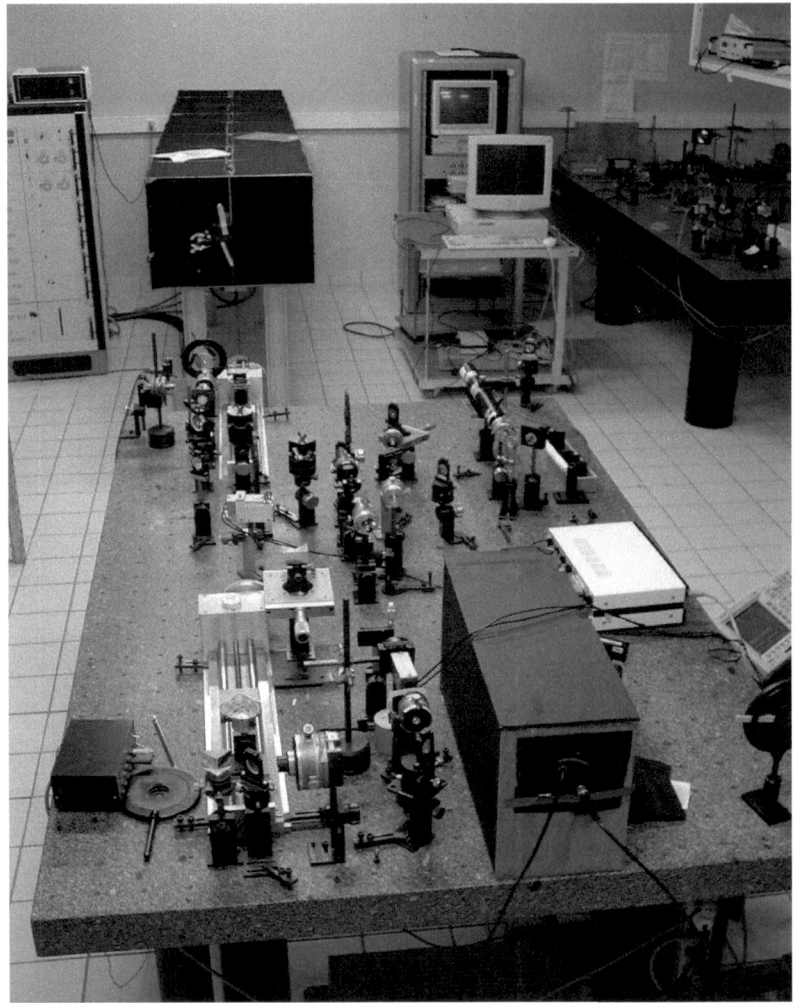

Figure 5.2. Photographie de l'ensemble expérimental qui est utilisé pour les études du mélange quatre onde dégénéré.

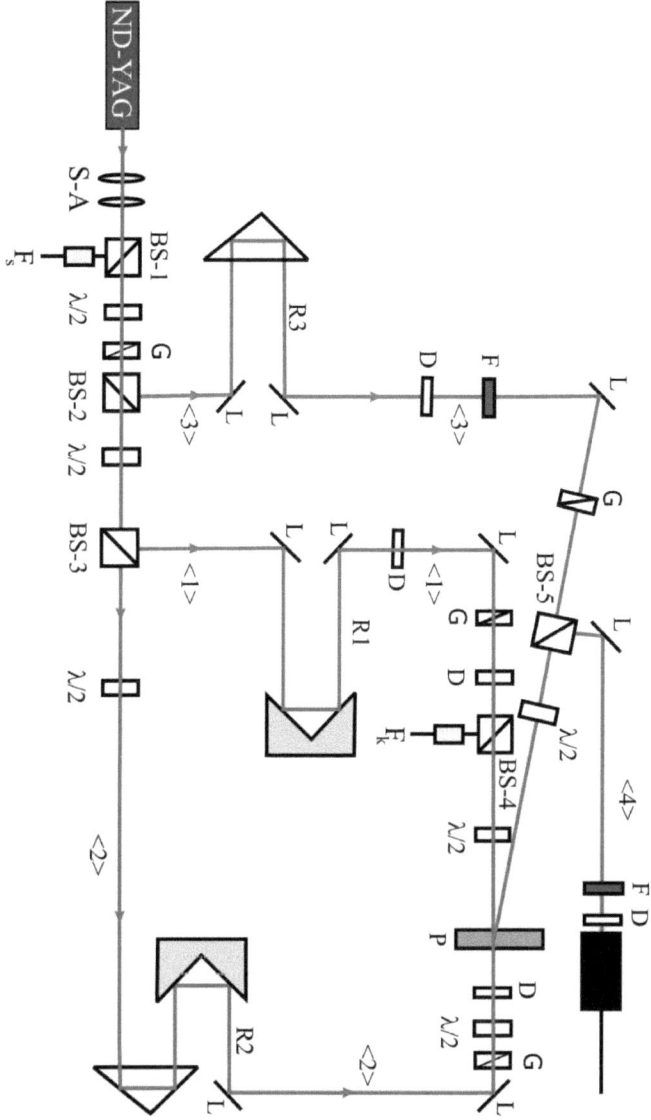

Figure 5.3. Schéma de l'ensemble expérimental qui est utilisé pour la mesure du rendement du mélange quatre ondes électromagnétiques. <1>et <2> -les faisceaux pompes, <3> - le faisceau sonde, <4> - la quatrième onde, R1, R2, R3 – les lignes de retard, G – le polariseur, λ/2 – la lame demi onde, F_s –la photodiode synchronisante, F_k – la photodiode de contrôle, PM – le multiplicateur photoélectronique, L – le miroir, D – le diaphragme, S-A – l'ensemble autoconvergent, F – le filter.

L'ensemble présenté à la figure 5.2. et 5.3. a été employé pour déterminer la valeur de la susceptibilité du troisième ordre des échantillons des composés étudiés pour les ondes <1>, <2>, <3> polarisées dans les mêmes plans ou dans deux plans différents. La lumière est une onde transversale dont les directions des vibrations des vecteurs électriques sont perpendiculaires à la direction du mouvement de l'onde. Les ondes transversales peuvent être polarisées d'une façon linéaire, c'est-à-dire que les vibrations du vecteur $\overline{E}$ sont parallèles l'une par rapport à l'autre dans tous les points d'onde. Pour tous ces points, le vecteur vibrant E et la direction du mouvement d'onde forment un plan dit de vibrations. La figure 5.4. montre deux ondes à la polarisation linéaire (elles vibrent perpendiculairement à la différnce de phase de 90°). Lors de l'interpretation des résultats expérimentaux, on a localisé le système de coordonnées de façon à ce que la direction de la propagation du faisceau laser couvre l'axe z, et les ondes lumineuses <1>, <2>, <3> sont polarisées de la façon linéaire dans le plan x (verticalement) ou y (horizontalement). Les mêmes désignations ont été employées pour présenter la valeur de la susceptibilité électrique non-linéaire pour de différentes polarisations des faisceaux <1>, <2>, <3>. Pour désigner la direction de la polarisation des faisceaux, nous avons accepté la représentation à quatre lettres où la première lettre désigne la direction de la polarisation de l'onde<4>, et les autres lettres désignent les polarisations des faisceaux incidents, respectivement <1>, <2>, <3>. Conformément à ce qui est admis, la représentation $xxyy$ désigne que l'onde <1> est polarisée dans la direction de l'axe x, <2> et <3> dans la direction de l'axe y, et une nouvelle onde <4> possède une polarisation dans la direction de l'axe x.

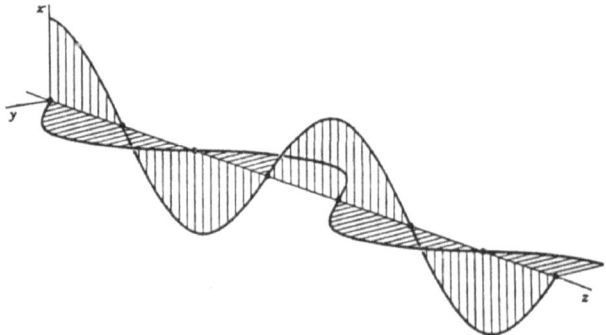

Figure 5.4. Deux ondes linéaires polarisées et perpendiculaires l'une par rapport à l'autre aux amplitudes identiques, qui se déplacent selon l'axe z. Les ondes (en phase) diffèrent de 90°.

5.2. Méthode de mesure de la transmission en fonction de l'intensité incidente

Dans les études expérimentales nous avons aussi mesuré la transmission de la lumière. La figure (5.5) présente le schéma de l'ensemble expérimental qui sert à mesurer la transmission de la lumière en fonction de l'intensité du faisceau pompe. Le faisceau laser traverse le système autoconvergent (S-A). Une partie du faisceau laser est dirigée vers la lame séparatrice BS-1 grâce à quoi il atteint la photodiode synchronisante (F_s). Ensuite, le faisceau laser traverse la lame demi onde ($\lambda/2$) et le polariseur (G). Les éléments optiques, rangés ainsi, jouent le rôle de filtre et servent à changer l'intensité du faisceau incident. La deuxième lame demi onde, qui se trouve devant l'échantillon, sert à changer la polarisation de la lumière incidente en plan horizontal ou vertical. Grâce à cela on peut mesurer la transmission pour différentes polarisation de la lumière. La mesure de l'intensité du faisceau incident, après la transition par le milieu non-linéaire, s'effectue à l'aide de la photodiode F_t. La photodiode désignée sur la figure à l'aide du symbole F_k sert à effectuer la mesure de contrôle de l'intensité du faisceau incident sur l'échantillon. Les résultats des mesures de transmission de la lumière en fonction de l'intensité du faisceau pompe sont dirigés vers l'unité centrale, puis, ils sont enregistrés par l'ordinateur PC.

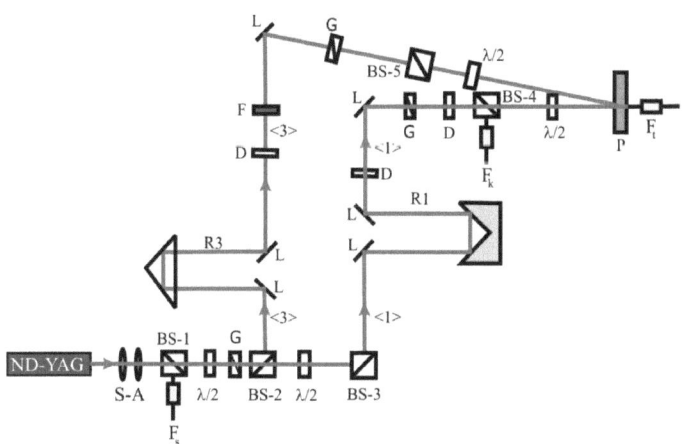

Figure 5.5. Schéma de l'ensemble expérimental qui sert à mesuer la transmission de la lumière.

5.3. Étalonnage du système mélange quatre ondes dégénéré

Avant de commencer les mesures sur les nouveaux composés, l'ensemble expérimental, présenté par la figure 5.3. est étalonné. Cet étalonnage consiste à effectuer les mesures du rendement pour une polarisation déterminée des faisceaux incidents (du type *xxx*) pour le disulfure de carbone (CS_2), qui est un matériau de référence pour les mesures expérimentales à l'aide du mélange quatre ondes. Après avoir contrôlé la trajectoire optique et s'être assuré de la bonne disposition de tous les instruments optiques, nous avons mis la cuve avec le bisulfure de carbone dans l'endroit prévu pour l'échantillon. Nous pouvons procéder aux mesures lorsque, après avoir mis en marche le laser, le signal de la quatrième onde est bien visible.

Sinon, il faut étalonner les instruments optiques de manière à ce qu'on obtienne le signal distinct de la quatrième onde. Lorsqu'on a obtenu le signal de la quatrième onde, on effectue la mesure de contrôle pour le CS_2. Les résultats des mesures sont comparés avec les données pour ces composés qui ont été mesurés auparavant. Comme les valeurs de référence dans ces études nous avons comparés les valeurs de la susceptibilité électrique non-linéaire du CS_2, qui ont été publiées dans les travaux [27, 46].

Nous avons effectué aussi des des mesures complémentaires du rendement du mélange quatre ondes dans le CS_2 (matériau de référence pour mélange quatre ondes) en fonction de lintensité du faisceau pompe I_1 pour différentes directions de la polarisation. À la figure 5.6. nous avons présenté les résultats des mesures expérimentales du rendement du processus du mélange quatre ondes et aussi les courbes théoriques pour le CS_2 pour de différentes directions de la polarization.

On observe à la figure 5.6. que pour le CS_2 à la polarisation verticale des faisceaux incidents (*xxx*) on obtient les valeurs du rendement du processus du mélange quatre onde, et par conséquent de la susceptibilité électrique non-linéaire du troisième ordre, beaucoup plus élevées que pour les autres combinaisons de la polarisation de la lumière.

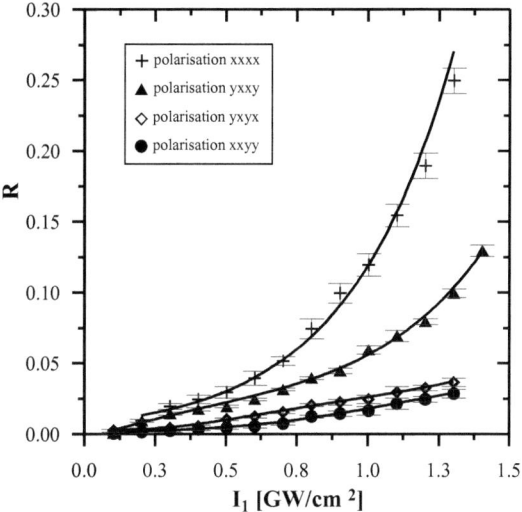

Figure 5.6. Diagramme de la relation entre le rendement du mélange quatre ondes et l'intensité du faisceau pompe <1> pour le CS_2 pour différentes directions de la polarisation des faisceaux <1>, <2>,<3>. La ligne continue représente la courbe théorique. Chaque point correspond à la moyenne de 50 impulsions laser.

Ci-après nous avons indiqué les valeurs de la susceptibilité non-linéaire du troisième ordre pour le CS_2 pour de différentes directions de polarisation des faisceaux qui ont été calculées à partir des données expérimentales:

$$\chi^{<3>}_{xxxx} = 1,24 \cdot 10^{-20} \ [m^2/V^2] = 8,86 \cdot 10^{-13} \ [esu]$$

$$\chi^{<3>}_{yxxy} = 7,53 \cdot 10^{-21} \ [m^2/V^2] = 538,86 \cdot 10^{-13} \ [esu]$$

$$\chi^{<3>}_{yxyx} = 1,5 \cdot 10^{-21} \ [m^2/V^2] = 1,07 \cdot 10^{-13} \ [esu]$$

$$\chi^{<3>}_{xxyy} = 1,3 \cdot 10^{-21} \ [m^2/V^2] = 0,93 \cdot 10^{-13} \ [esu]$$

Nous avons déterminé les composantes électroniques et moléculaires du tenseur de la sucseptibilité non-linéaire pour le CS_2 par rapport à la valeur $\chi^{<3>}_{xxxx}$ et par conséquent nous avons obtenu l'expression suivante:

$$\chi^{<3>expCS_2}_{xxxx} \cong 9 \cdot \chi^{<3>expCS_2}_{xxyy} \cong 9 \cdot \chi^{<3>expCS_2}_{yxyx} \cong 1,6 \cdot \chi^{<3>expCS_2}_{yxxy}$$

Après avoir résolu le système d'équations qui découlent de l'expression mentionnée ci-dessus ainsi qu'en en utilisant les relations (1.33 — 1.35) nous avons obtenu les résultats suivants:

$$\chi_{xxxx}^{<3>el} \cong -0.15 \cdot \chi_{xxxx}^{<3>exp} \qquad \chi_{xxxx}^{<3>m} \cong 0.85 \cdot \chi_{xxxx}^{<3>exp}$$

Les résultats obtenus prouvent que, dans le cas du CS_2, la composante moléculaire du tenseur de la susceptibilité non-linéaire du troisième ordre est une composante dominante

Chapitre 6. Résultats des expérimentales du mélange quatre ondes dégénéré et des calculs théoriques

Dans ce chapitre nous avons présenté les résultats des mesures expérimentales qui concernent la valeur des coefficients optiques non-linéaires du troisième ordre et aussi les calculs qui ont été effectués pour les fullerèns modifiés, les polyènes conjuguées et pour les oligothiénylènevinylènes. Pour les mesures expérimentales, nous avons choisi les matériaux dont la structure chimique démontrait de fortes propriétés optiques non-linéaires. Par conséquent, ces matériaux, en comparaison avec les autres matériaux organiques, se montreront comme les matériaux qui possèdent un bon rendement pour des processus de lecture de l'information optique. Un autre critère de la sélection des matériaux étudiés est la valeur de l'absorption pour la longueur d'onde du faisceau laser utilisé pendant l'expérience. C'est pourquoi les matériaux étudiés dans cette thèse présentent une très petite absorption du rayonnement à la longueur de 532 nm. Le maximum de l'absorption de la lumière pour ces composés est situé dans les autres domaines de la longueur d'onde. Pour les mesures, nous avons préparé les échantillons sous forme de poudre dissoute dans un solvant. Nous avons utilisé comme solvant le tetrahydrofurane (THF). Deux échantillons ont été étudiés à l'état solide. La réponse du tetrahydrofurane dans le processus du mélange quatre onde est très faible c'est pourquoi dans les calculs nous pouvons négliger l'influence du caractère non-linéaire de ce composé [46].

6.1. Résultats expérimentaux pour les fullerènes modifiés

Les liaisons électroniques conjuguées π sont caractéristiques pour les fullerènes. Par conséquent, ils constituent de bons candidats pour les études des propriétés optiques non-linéaires [69]. En plus ces composés sont des composés hydrophobes et de l'idée de les appliquer au blocage de l'activité du virus VIH-1 et VIH-2 qui est responsable de la diffusion du SIDA. Une forte réaction de Van der Waals ou l'attraction électrostatique entre la molécule C_{60} et le site actif de l'enzyme du virus (la péptidaze d'asparagine VIHP) sont possibles grâce aux propriétés hydrophobes des fullerènes [70]. Les simulations numériques ont confirmé que la molécule C_{60} peut être l'inhibiteur VIHP grâce à sa complémentarite sphérique et physique vers le site actif de l'enzyme.

Le fullerène est aussi le composé n'appartient pas à la famille des albumines et c'est pourquoi, et il est probable qu'il peut bloquer l'action de l'enzyme dans son centre actif *in vivo* [71]. La molécule du fullerène est constituée de 60 atomes de carbone à l'hybridation sp^2, Chaque atome de carbone fait un sommet équivalent. Le fullerène possède deux types de liaisons chimiques: les liaisons qui correspondent à une simple liaisons C—C de la longueur 0,1444 nm, des liaisons qui correspondent à une liaison double C=C de la longeur de 0,1399 nm. Le diamètre de la molécule C_{60} est égal à 0,710±0,007nm. La molécule est entourée d'un nuage électronique affouillé π. Le diamètre de la molécule, y compris le nuage électronique, est égal à 1,034 nm. Les fullerènes sont un bon exemple de d'accepteur [72], et la grande valeur de l'énergie de liaison (6,7 — 7,0 eV) pour un atome de carbone assure la stabilité aux molécules C_{60}. Les fullerènes sont les instalateur et possède un écart énergétique de 1,5 eV [71, 73]. Ils se dissolvent dans les solvant apolaires: n- hexane, benzène, toluène, etc. Les fullerènes démontrent des propriétés optiques non-linéaires élevées et une réponse optique rapide [75, 76]. Les possibilités d'applications en optique et en optoélectronique des propriétés optiques non-linéaires des fullerènes mise en évidence dépendent aussi des possibilités expérimentales [77 — 79].

Ci-après nous avons présenté les résultats expérimentaux obtenus dans le processus du mélange quatre ondes dégénéré et les calculs théoriques pour deux fullerènes modifiés: (3-méthylothio-6,7-dipenthylothiofulvalenylo-2-thio)acétate 1-cyclopenthylo-3,4-fullerène, désigné dans ce travail à l'aide du symbole **F1** et (3-méthylothio-6,7-dipenthylothiofulvalenylo-2-thio)11-undekanian 1-cyclopenthylo-3,4-fullerène désigné par **F2**. Les synthèses de ces matériaux ont été réalisés grâce au processus de cyclo-addition dont les traits caractéristiques sont suivants:

- ❖ les liaisons π et σ sont transformées simultanément. Toutes les liaisons σ sont rompues et en même temps, il y a de nouvelles liaisons qui sont formées;

- ❖ la cyclo-addition peut être initiée thermiquement (alimentation en chaleur) ou photochimiquement (absorption de l'énergie radiante);

- ❖ les radicales libres et les ions ne participent pas à la mécanique de la cyclo-addition.

Les détails de la synthèse ont été décrits dans le travail [80]. Les deux fullerènes (**F1** et **F2**) font partie du groupe des composés nommés méthanofullerènes. D'après les informations trouvées dans la littérature, on sait que les méthanofullerènes sont actifs biologiquement, ils agisent sur les virus, les bactéries et les cellules vivantes d'une façon photosynsybilisante. Ils sont utiltises comme lancette moléculaire au tranchage sélectif de la chaîne ADN [81, 82]. Les études présentées dans cette thèse ont eu pour but la vérification ou éventuellement, la détermination de l'influence du nombre des liaisons saturées des chaînes qui unissent le fullerène et le groupe TTF (la figure 6.1) sur les propriétés optiques non-linéaires des fullerènes modifiés [83]. Le fullerène **F1** contient une liaison saturée dans la chaîne, le fullerène **F2** contient dix liaisons de ce genre. Pour dissoudre les fullerènes nous avons utilisé le THF et nous avons obtenu la concentration 5g/l. Le matériau dissolu a été mis dans un cuve de verre de 2mm d'épaisseur.

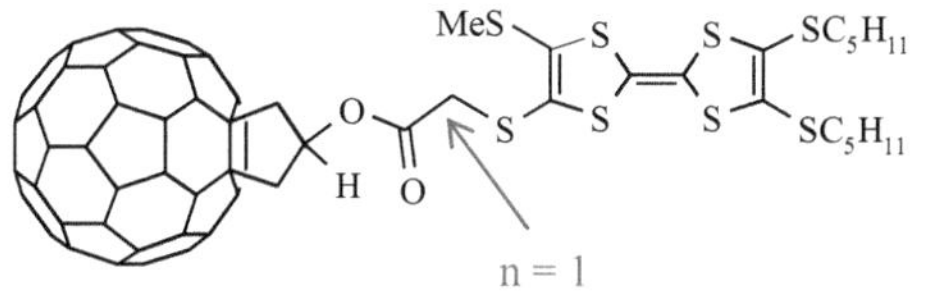

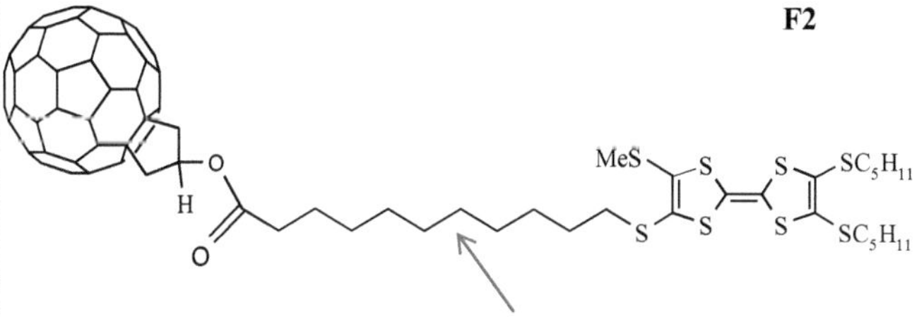

Figure 6.1. Structure chimique des fullerènes modifiés par le greffage des chaînes de carbone saturées, pour différente quantité des atomes de carbone, entre la structure accepteur du fullerène et la structure donneur du TTF. Dans la chaîne latérale de la molécule **F1** il y a une liaison saturée, dans la chaîne latérale de la molécule **F2** il y a dix liaisons saturées. Le symbole Me désigne le groupe CH_3.

Pour les deux composés, nous avons déterminé les spectres d'absorption dans la domaine de l'ultraviolet et de la lumière visible par la méthode de la spectrométrie. Ces spectres ont été présentés sur la figure 6.2. On voit bien que les deux composés: (**F1**) et (**F2**) démontrent les maximums d'absorption dans la domaine de la longueur d'onde beaucoup plus petites que 532 nm, c'est-à-dire la longueur d'onde du rayonnement laser utilisé pour les mesures.

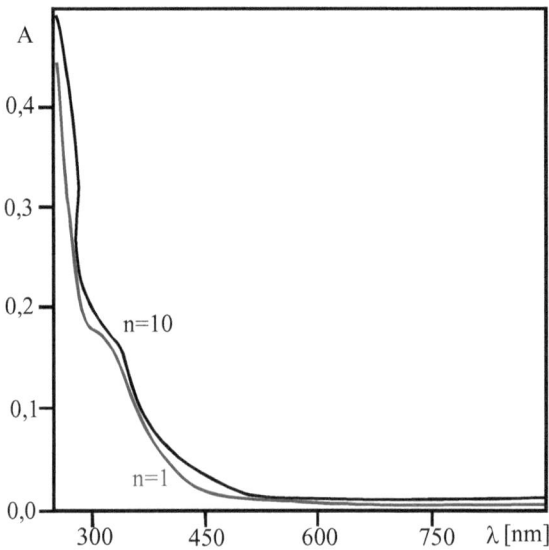

Figure 6.2. Spectre d'absorption pour le fullerène **F1** et **F2** qui a été déterminé à l'aide de la méthode spectrométrique [83]. Dans la chaîne latérale de la molécule **F1** il y a une liaison saturée (n=1), dans la chaîne latérale de la molécule **F2** il y a dix liaisons saturées (n=10).

La figure 6.3. présente la transmission de la lumière en fonction de l'intensité de pompe I_1 pour les deux fullerènes modifiés **F1** i **F2**. Les points représentent les données expérimentales; chaque point correspond à la moyenne de 50 impulsions laser. La ligne continue correspond à la courbe théorique ajustée aux résultats expérimentaux. Puisque la trasmission est une fonction non-linéaire de l'intensité de l'onde pompe, pour tracer la courbe théorique nous nous sommes servis de l'expression (1.44). Les résultats obtenus pour les deux fullerènes modifiés montrent un bon accord entre le modèle théorique proposé et les résultats expérimentaux. Nous nous sommes servis de la courbe théorique pour déterminer les valeurs du coefficient d'absorption linéaire α et du coeffficient d'absorption non-linéaire β. Les valeurs obtenues ont été collectées dans le tableau 6.1. Les valeurs des coefficients de l'absorption linéaire et non-linéaire de la lumière permettent d'estimer les valeurs de l'hyperpolarisabilité optique et de la susceptibilité électrique non-linéaire du troisième ordre, conformément aux expressions (1.39) et (2.9).

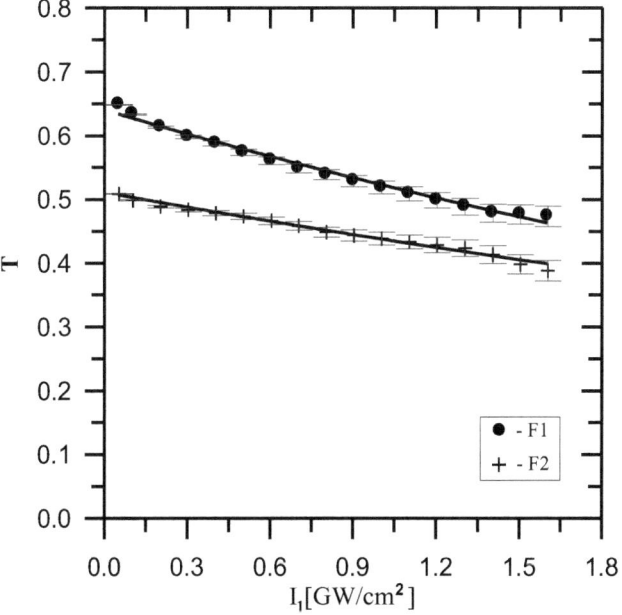

Figure 6.3. Diagrammes de la transmission T en fonction de l'intensité de l'onde pompe pour les fullerènes **F1** et **F2**. Les points représentent les données expérimentales; chaque point est la moyenne de 50 impulsions laser. La curbe continue represente la courbe théorique donnée par l'équation (1.44).

La figure 6.4. présente les diagrammes du rendement du mélange quatre ondes en fonction de l'intensité du faisceau pompe (désignée à l'aide du symbole <1> sur la figure 5.3.). Dans ce cas on observe aussi un bon ajustement de la courbe théorique aux résultats expérimentaux. Nous avons utilisé les relations présentées par la figure 6.4.

pour déterminer la valeur de la susceptibilité du troisième ordre $\chi^{<3>}$, et puis de l'hyperpolarisabilité optique du second ordre. À l'aide des la valeurs $\chi^{<3>}$ nous avons calculé le facteur de mérite pour chaque matériau $\chi^{<3>}/\alpha$ (ang. figure of merit). Ce facteur a une importance technologique et sa valeur peut conditionner les possibilités d'applications de ces matériaux dans les dispositifs basés sur les processus d'optique non-linéaire. Les valeurs numeriques des grandeurs physiques calculées a la base des diagrammes présentes à la figure 6.3.et 6.4. ont été rassemblées dans le tableau 6.1.

A partir des résultats présentés dans ce tableau, on peut déduire l'influence de la structure chimique du matériau (l'écart entre le fullerène et le groupe TTF à cause des liaisons saturées de la chaîne latérale de la molécule) sur les propriétés optiques non-linéaire du troisième ordre. La valeur de la susceptibilité du troisième ordre pour le fullerène **F2** est environ 1,5 fois plus élevée que la valeur de ce même paramètre pour le fullerène **F1**.

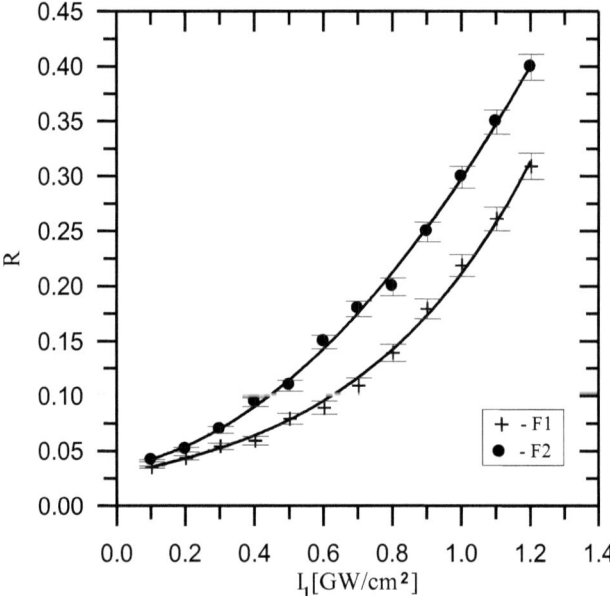

Figure 6.4. Relation entre le rendement du mélange quatre ondes et l'intensité du faisceau pompe <1> pour les fullerènes modifiés **F1** et **F2** à la polarisation verticale du faisceau <1>, <2>, <3> (*xxx*). Les points représentent les données expérimentales. Chaque point correspond à la moyenne de 50 impulsion laser. La ligne continue représente la courbe théorique donnée par l'équation (2.9).

Partie expérimentale

Tableau 6.1. Les paramètres présentés dans le tableau: n – du nombre des liaisons saturées des chaînes, λ_{max} – les maximums d'absorption, M – la masse molaire du soluté, C – la concentration des molécules en solution, α – le coefficient d'absorption linéaire de la lumière, β – le coefficient d'absorption non-linéaire de la lumière, $\chi^{<3>}$ – la valeur de la susceptibilité électrique non-linéaire du troisième ordre, $\chi^{<3>}/\alpha$ – le facteur de qualité optique non-linéaire du matériau, γ^* – la valeur de l'hyperpolarisabilité optique du second ordre, γ_t^* – la valeur de l'hyperpolarisabilité optique estimée théoriquement pour les fullerènes modifiés **F1** et **F2**.

Molécules	n	λ_{max} [nm]	M [g]	C [g/l]	α [cm^{-1}]	β [cm·GW^{-1}]	$\chi^{<3>}$ [m^2·V^{-2}]	$\chi^{<3>}/\alpha$ [m^3·V^{-2}]	γ^* [m^5·V^{-2}]	γ_t^* [m^5·V^{-2}]
F1	1	295	306.8	5	4.7	3.4	$4.8 \cdot 10^{-20}$	$1.0 \cdot 10^{-19}$	$\mathbf{0.5 \cdot 10^{-44}}$	$1.1 \cdot 10^{-37}$
F2	10	295	1431.9	5	6.5	5.6	$7.4 \cdot 10^{-20}$	$1.2 \cdot 10^{-19}$	$\mathbf{1.0 \cdot 10^{-44}}$	$5.1 \cdot 10^{-36}$

Tableau 6.2. Les valeurs théoriques de l'énergie des niveaux HOMO et LUMO pour les fullerènes modifiés **F1** et **F2**.

Molécules	Méthode	HOMO [eV]	LUMO [eV]	Δ_{sr}(LUMO – HOMO) [eV]
F1	AM1	-8,831	-3,758	5,013
	PM3	-8,742	-3,789	
2	AM1	-7,834	-4,631	3,294
	PM3	-8,043	-4,658	

Aussi pour le fullerène modifié **F2**, la valeur du facteur de mérite du matériau est plus élevée que pour le fullerène modifié **F1**. De même, le fullerène modifié **F2**, dont les parties accepteur et donneur sont separées par dix liaisons de carbone, démontre que la valeur de l'hyperpolarisabilité optique du deuxième ordre est deux fois plus grande que pour le fullerène **F1**. Donc nous pouvons supposer qu'il existe une tendance à améliorer les propriétés optiques non-linéaires des fullereènes modifiés lorsqu'on accroît la distance entre la structure accepteur du fullerène et la structure donneur du groupe TTF.

Du point de vue macroscopique, les solutions des fullerènes étudiés sont homogènes. Lors de l'expérience nous avons appliqué de courtes impulsions laser (30 ps), et les trois faisceaux laser incidents à l'échantillon ont été cohérents temporellement et spatialement; ils ont satisfait aux expressions présentées dans le paragraphe 1.2.2. Par conséquent, il est possible de séparer la composante électronique de la composante moléculaire du tenseur de la susceptibilité électrique non-linéaire. Pour déterminer le tenseur de la susceptibilité électrique non-linéaire du troisième ordre pour les deux catégories des fullerènes, on a mesuré l'intensité du faisceau <4> pour de différentes polarisations des faisceaux incidents <1>, <2>, <3>. Les mesures ont été faites avec une approximation égale à $\pm 0,1 \cdot 10^{-21}$ [m^2/V^2]. Les résultats de ces mesures sont présentés ci-après:

a) les résultats des mesures pour le fullerène **F1** qui possède une liaison saturée $-C-C-$.

$$\chi_{xxxx}^{<3>} = 4,8 \cdot 10^{-20} \left[m^2/V^2\right] = 3,43 \cdot 10^{-12} \left[esu\right]$$

$$\chi_{yxxy}^{<3>} = 9,9 \cdot 10^{-21} \left[m^2/V^2\right] = 7,07 \cdot 10^{-13} \left[esu\right]$$

$$\chi_{yxyx}^{<3>} = 1,5 \cdot 10^{-20} \left[m^2/V^2\right] = 1,07 \cdot 10^{-12} \left[esu\right]$$

$$\chi_{xxyy}^{<3>} = 1,6 \cdot 10^{-20} \left[m^2/V^2\right] = 1,14 \cdot 10^{-12} \left[esu\right]$$

$$\chi_{xxxx}^{<3>exp} = 3.1 \cdot \chi_{xxyy}^{<3>exp} = 3.1 \cdot \chi_{yxyx}^{<3>exp} = 4.8 \cdot \chi_{yxxy}^{<3>exp} \qquad (6.1)$$

$$\chi_{xxxx}^{<3>el} \cong 1.2 \cdot \chi_{xxxx}^{<3>exp} \qquad \chi_{xxxx}^{<3>m} \cong -0.2 \cdot \chi_{xxxx}^{<3>exp} \qquad (6.2)$$

b) les résultats des mesures pour le fullerène **F2** qui possède dix liaisons saturées —C—C—.

$$\chi_{xxxx}^{<3>} = 7,4 \cdot 10^{-20} \; [m^2/V^2] = 5,28 \cdot 10^{-12} \; [esu]$$

$$\chi_{yxxy}^{<3>} = 2,4 \cdot 10^{-20} \; [m^2/V^2] = 1,71 \cdot 10^{-12} \; [esu]$$

$$\chi_{yxyx}^{<3>} = 3,6 \cdot 10^{-20} \; [m^2/V^2] = 2,57 \cdot 10^{-12} \; [esu]$$

$$\chi_{xxyy}^{<3>} = 3,9 \cdot 10^{-20} \; [m^2/V^2] = 2,78 \cdot 10^{-12} \; [esu]$$

$$\chi_{xxxx}^{<3>exp} \cong 2.1 \cdot \chi_{xxyy}^{<3>exp} \cong 2.1 \cdot \chi_{yxyx}^{<3>exp} \cong 3 \cdot \chi_{yxxy}^{<3>exp} \tag{6.3}$$

$$\chi_{xxxx}^{<3>el} \cong 1.74 \cdot \chi_{xxxx}^{<3>exp} \qquad \chi_{xxxx}^{<3>m} \cong -0.74 \cdot \chi_{xxxx}^{<3>exp} \tag{6.4}$$

Les abréviations *exp*, *el*, *m* qui ont été employées dans les expressions susdites à côté du symbole de la susceptibilité électrique non-linéaire du troisième ordre, désignent respectivement: la valeur expérimentale estimée $\chi^{<3>}$, sa composante électronique et moléculaire.

L'expresion (1.25 – 1.27) et les relations (6.1) et (6.3) démontrent que les relations (6.2) et (6.4) sont satisfaites pour les fullerènes **F1** et aussi **F2**, les valeurs expérimentales des composantes électroniques de la susceptibilité du troisième ordre pour les fullerènes modifiés **F1** et **F2** sont beaucoup plus grandes que les valeurs des composantes moléculaires. Cela prouve que le transfert de la charge influence la valeur de la susceptibilité électrique non-linéaire du troisième ordre.

Les résultats obtenus montrent que les valeurs de la susceptibilité électrique non-linéaire du troisième ordre sont proches des valeurs $\chi^{<3>}$ sont du même ordre que les valeurs de $\chi^{<3>}$ des dithénylœthylènes qui ont été publiées récemment [84]. Pourtant la conclusion la plus importante qu'on peut tirer de ces études est le fait que l'accroissement de la valeur $\chi^{<3>}$ est influencé en principe par l'éloignement du groupe donneur du tetratiofulvalène TTF de la structure qui démontre les propriétés accepteurs

– du fullerène par l'augmentation du nombre des liaisons de carbone saturées de la chaîne latérale de la molécule. Jusqu'à présent, l'accroissement du $\chi^{<3>}$ n'était identifié qu'à l'accroissement du nombre des liaisons conjuguées du type π. En plus, la séparation de la composante électronique de la composante moléculaire du tenseur de la susceptibilité électrique non-linéaire (les équations ((6.20) et (6.4)) a permis de démontrer que l'accroissement de la valeur des coefficients optiques non-linéaires est du avant tout par le transfert de charges (ang. charge – transfer) entre la partie accepteur et la partie donneur de la molécule.

Nous pouvons le déduire du fait que pour les fullerènes étudiés la valeur de la composante électronique $\chi^{<3>}$ est beaucoup plus grande que la valeur de la composante moléculaire relative [85].

Nous avons déterminé la distribution complète de la densité électronique pour les deux fullerènes modifiés **F1** et **F2** à l'aide du programme Hyperchem. Ceci a pu être réaliser grâce à l'application de l'approximation à électron individuel où chaque électron est décrit par un orbitale moléculaire. La distribution de la densité électronique dans la molécule correspond à la configuration de son nuage électronique, c'est-à-dire à sa structure électronique.

Dans la mécanique quantique, la charge de l'électron dans les atomes et dans les molécules est distribuée dans des zones de l'espace où la probabilité de trouver un électron est égale à zéro. La figure 6.5 présente la distribution de la densité électrique (appelée aussi le nuage électronique) des fullerènes modifiés **F1** et **F2**. Il en résulte que le transfert des électrons entre le donneur (TTF) et l'accepteur (la structure de fullerène) dans la molécule est assuré grâce aux chaînes moléculaires. La chaîne moléculaire est une molécule individuelle (ou bien quelques molécules au maximum) qui est capable de transférer la charge électrique entre le donneur et l'accepteur à une grande distance (2 — 5 nm) [86, 87].

Le changement du moment dipolaire à l'état excité de la molécule, par rapport au moment dipolaire à l'état fondamental, est le résultat du transfert de la charge entre le donneur et l'accepteur. C'est un phénomène caractéristique pour les systèmes où se produit le transfert intramoléculaire de la charge (ang. intramolecular charge transfer) et aussi l'accroissement de la valeur du moment dipolaire pendant l'excitation.

Comme il résulte des études, l'accroissemnet des dimensions du système des molécules, c'est-à-dire l'éloignement du fullerène du groupe TTF même à l'aide des liaisons saturées —C—C—, entraîne une augmentation de l'intensité du phénomène du transfert de la charge aussi bien que le décroissement de l'écart énergétique de la valeur de 1,72 eV (le tableau 6.2) Les deux effets exercent une influence sur l'accroissement des propriétés optiques non-linéaires de la molécule.

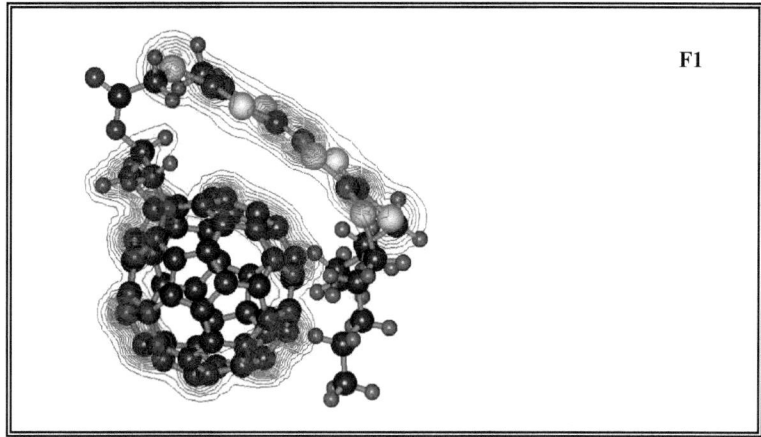

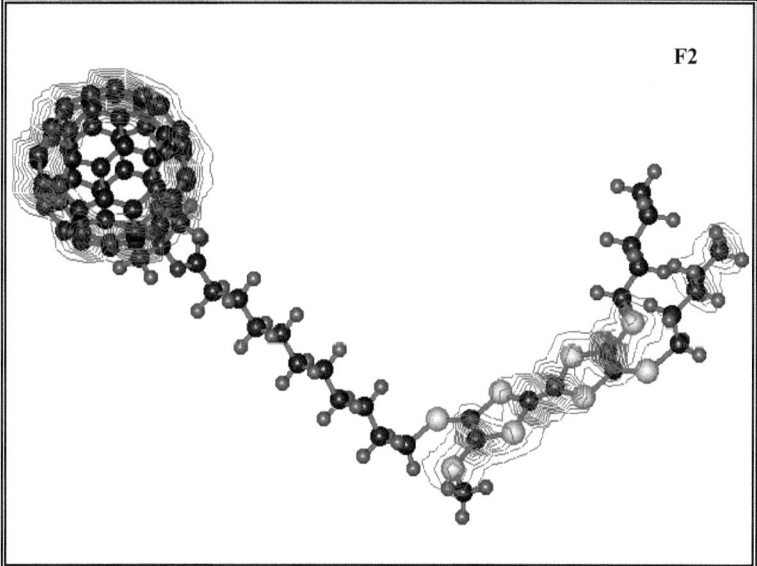

Figure 6.5. Distributions complètes de la densité électronique des fullerènes modifiés **F1** (n=1) et **F2** (n=10) déterminées à l'aide du programme HyperChem.

Nous nous sommes aussi servis du programme HyperChem pour déterminer les valeurs des moments dipolaires. Ces valeurs calculées ont été collectées dans le tableau 6.9. Les symboles x, y, z, utilisés dans ce tableau, désignent les valeurs des moments dipolaires déterminées pour un axe donnée du système de coordonnées. Nous avons utilisé les désignations suivantes:

(g) — l'état fondamental (ang. „ground state");

(e) — le premier état excité;

(h) — l'état excité suivant;

$\mu(e \rightarrow g)$ — le changement du moment dipolaire dont la valeur est la différence entre le premier état excité (e) et l'état fondamental (g);

$\mu(e \rightarrow h)$ — le changement du moment dipolaire dont la valeur est la différence entre le premier état excité (e) et l'état excité suivant (h);

Les valeurs des moments dipolaires obtenus, calculées dans le programme HyperChem, pour les deux fullerènes modifiés étudies **F1** et **F2**, ne dépassent pas les limites de $1.42008 \cdot 10^{-29}$ [C · m] à $8.15402 \cdot 10^{-31}$ [C · m].

Pour calculer la valeur de l'hyperpolarisabilité optique du second ordre nous avons utilisé l'expression (3.49) lors de l'estimation de cette valeur, nous n'avons pris en compte que les valeurs des moments dipolaires dans la direction de l'axe x car pendant l'expérience nous n'avons déterminé la valeur de l'hyperpolarisabilité optique du second ordre que pour la polarisation verticale du faisceau incident. Les résultats des calculs ont été rassemblés dans le tableau 6.1.

Tableau 6.3. Valeurs des moments dipolaires pour l'état fondamental et pour les états excités qui ont été calculées pour les fullerènes **F1** et **F2** dans le programme Hyper Chem.

Molécule	F1	F2
μ_x (g) [C·m]	$-8.15402 \cdot 10^{-31}$	$-4.62307 \cdot 10^{-30}$
μ_y (g) [C·m]	$3.00274 \cdot 10^{-30}$	$6.40105 \cdot 10^{-30}$
μ_z (g) [C·m]	$-3.12354 \cdot 10^{-30}$	$-2.38512 \cdot 10^{-30}$
μ_x (e) [C·m]	$-3.35139 \cdot 10^{-30}$	$-4.91956 \cdot 10^{-31}$
μ_y (e) [C·m]	$7.11543 \cdot 10^{-30}$	$3.1218 \cdot 10^{-30}$
μ_z (e) [C·m]	$-5.06984 \cdot 10^{-30}$	$-2.39346 \cdot 10^{-30}$
μ_x (h) [C·m]	$-1.42014 \cdot 10^{-29}$	$4.95621 \cdot 10^{-30}$
μ_y (h) [C·m]	$1.42008 \cdot 10^{-29}$	$-7.59304 \cdot 10^{-30}$
μ_z (h) [C·m]	$-4.95757 \cdot 10^{-30}$	$-6.74001 \cdot 10^{-30}$
μ_x (e→g) [C·m]	$-3.05664 \cdot 10^{-30}$	$2.65195 \cdot 10^{-30}$
μ_y (e→g) [C·m]	$-4.73457 \cdot 10^{-30}$	$4.09543 \cdot 10^{-30}$
μ_z (e→g) [C·m]	$-6.21432 \cdot 10^{-30}$	$-6.78248 \cdot 10^{-30}$
μ_x (e→h) [C·m]	$-1.943 \cdot 10^{-30}$	$-1.55091 \cdot 10^{-30}$
μ_y (e→h) [C·m]	$-2.98567 \cdot 10^{-30}$	$-2.71381 \cdot 10^{-30}$
μ_z (e→h) [C·m]	$-3.78789 \cdot 10^{-30}$	$4.27926 \cdot 10^{-30}$

Dans la partie suivante de ce chapitre nous avons présenté les résultats des études expérimentales et des calculs théoriques des propriétés optiques non-linéaires du troisième ordre pour deux fullerènes suivants. Le premier, est désigné à l'aide du symbole **F3**, a été modifié par le greffage du groupe 2—thioxo—1,3-dithiole. Le deuxième fullerène, désigné par **F4**, a été modifié par le greffage du tetrathiofulvalène (TTF). Le groupe TTF dans la molécule de ce fullerène est modifié par la suite à cause du greffage de deux groupes tiomethyles SCH_3. Les deux fullerènes ont été formés en conséquence de la réaction d'addition du type (4+2) qui se produit dans la zone des doubles liaisons de la molécule C_{60}. Dans ce cas le fullerène réagit comme un alcène qui possède peu d'électrons qt qui attache les diènes volentiers. Pendant la réaction qui mène à la formation de l'anneau hexagonal, les électrons du segment de diène prennent part au réarrangement des électrons (C=C—C=C). La synthèse des fullerènes décrite ci-après a été présenté dans le travail [88]. Après la synthèse, les deux fullerènes ont été mis dans des matrices photopolymères, faites d'oligo-etracrylate. Les détails de ce processus ont été décrits dans le travail [89]. La figure 6.6. présente la structure chimique des fullerènes **F3** et **F4**.

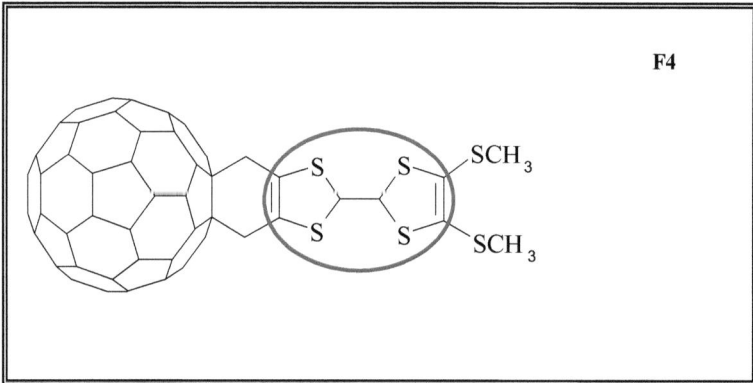

Figure 6.6. Structure chimique des fullerènes **F3** (C_{60}-2—tioxo—1,3—ditiole) et **F4** (C_{60}—TTF).

Pour les études nous avons utilisé les échantillons des fullerènes aux dimensions 5 mm x 4 mm x 3 mm à l'état solide. Les études présentées dans cette thèse ont eu pour but de vérifier l'influence de la modification du fullerène qui s'effectue à travers l'adjonction des anneaux hétérocycliques qui contiennent du soufre sur les propriétés optiques non-linéaires du troisième ordre.

En se servant du spectromètre perkin-Elmer Lambda, nous avons mesuré les spectres d'absrption dans le domaine de l'ultraviolet et de la lumière visible. Nous avons présenté ces spectres sur la figure 6.7. On voit bien que pour les deux fullerènes modifiés, le maximum de l'absorption se produit pour la longueur d'onde qui est plus petite que la longueur d'onde du rayonnement laser qu'on a utilisé pour les mesures, c'est-à-dire la longueur de 532 nm.

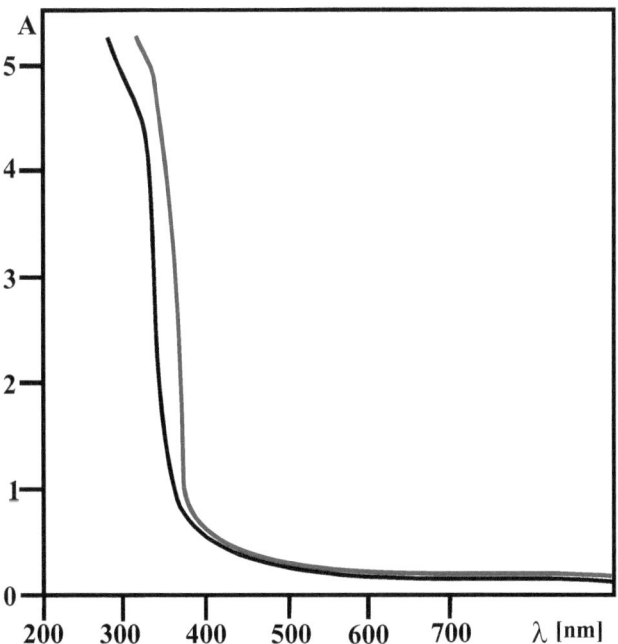

Figure 6.7. Spectres d'absorption pour les fullerènes **F3** (la ligne rouge) et **F4** (la ligne noire) déterminé à l'aide de la méthode spéctrometrique.

La figure 6.8. présente les diagrammes de la dépendence entre la transmission et l'intensité pompe de la lumière I_1 pour les deux fullerènes modifiés **F3** et **F4**. Les points représentent les données expérimentales où chaque point représente la moyenne de 50 impulsions laser. La ligne continue représente la courbe théorique. Pour tracer la courbe théorique nous avons utilisé l'expression (1.44).

La valeur de la transmission qu'on déterminée (la figure 6.8.) dépend de la valeur de l'intensité de la lumière pompe. Par conséquent, à la base du diagramme, nous pouvons déterminer le coefficient de l'absorption linéaire de la lumière aussi bien que de l'absorption non-linéaire. Dans cette thèse, pour les fullerènes étudiés **F3** et **F4**, nous n'avons déterminé que les valeurs des coefficient α, parce que les valeurs des coefficients β pour ces matériaux ont été déjà calculés et publiés auparavant [90]. Les valeurs des coefficients obtenues ont été présentées dans le tableau 6.4.

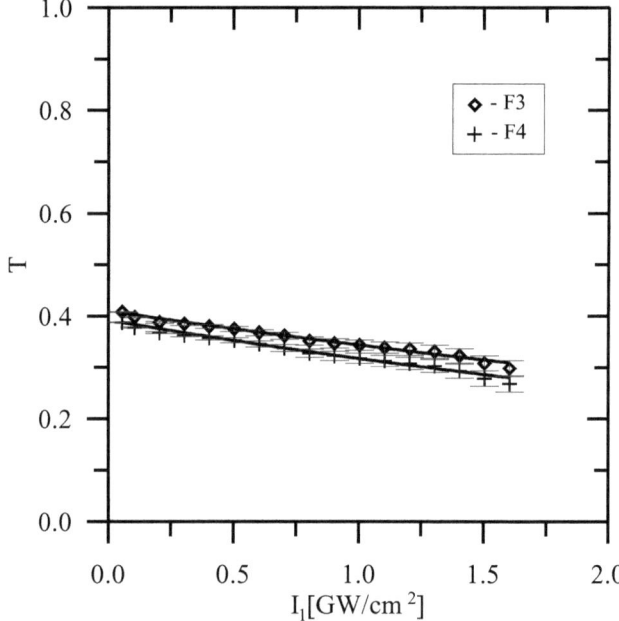

Figure 6.8. Diagramme de la dépendance entre la transmission T et l'intensité de l'onde pompe I_1 pour les fullerènes **F3** et **F4**. La ligne continue représente la courbe théorique donnée par l'équation (1.44). Les points représentent les données expérimentales; chaque point correspond à la moyenne de 50 impulsions laser.

La figure 6.9. présente les résultats des études du rendement du mélange quatre ondes en fonction de l'intensité du faisceau pompe I_1. Dans ce cas aussi il existe une bonne corrélation entre la courbe théorique tracée à la base de l'expression (1.44) et les résultats expérimentaux qui ont été présentés sous la forme des points. Grâce à l'ajustement de la courbe théorique aux résultats expérimentaux, nous pouvons estimer la valeur de la susceptibilité du troisième ordre $\chi^{<3>}$ et aussi la valeur du facteur de mérite ($\chi^{<3>}/\alpha$).

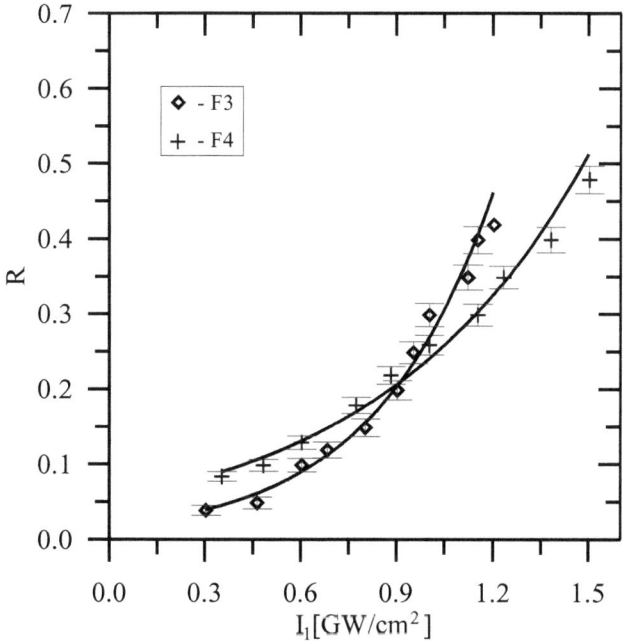

Figure 6.9. Diagramme de la dépendance entre le rendement du mélange quatre ondes et l'intensité du faisceau pompe <1> pour les fullerènes modifiés **F3** et **F4** pour la polarisation verticale des faisceaux <1>, <2>, <3>. Les points représentent les données expérimentales; chaque point correspond à la moyenne de 50 impulsions laser. La ligne continue représente la courbe théorique donnée par l'équation (2.9).

Les valeurs numériques des grandeurs physiques, déterminées pour les fullerènes modifiés **F3** et **F4**, ont été présentées dans le tableau 6.4. Comme on peut le voir, la modification du fullerène **F4** par l'adjonction du groupe donneur TTF a eu une meilleure influence sur ses propriétés optiques non-linéaires que la modification du fullerène **F3** par la cyclo-addition du 2-tioxo-1,3-ditiole. La valeur de la susceptibilité du troisième ordre du fullerène **F4** est 1.5 fois plus grande que la valeur de ce même paramètre pour le fullerène **F3**.

Pour le fullerène **F4** la valeur du facteur de la qualité optique non-linéaire du matériau est plus grande que pour le fullerène **F3**. Il en résulte que l'accroissement de l'asymétrie de la molécule par le graffage d'un anneau hétérocyclique provoque l'accroissement des propriétés optiques non-linéaires des fullerènes. Nous avons aussi estimé la valeur théorique de l'hyperpolarisabilité optique du second ordre pour les fullerènes. Les valeurs obtenues montrent que l'accroissement des dimensions de la molécule par le graffage de la "queue" TTF entraîne une augmentation des propriétés optiques non-linéaires au niveau microscopique. Cette valeur est 3 fois plus grande pour le fullèrene **F4** que pour le fullerène **F3**.

Tableau 6.4. Les paramètres présentés dans le tableau: α — le coefficient d'absorption linéaire de la lumière, β — le coefficient d'absorption non-linéaire de la lumière, $\chi^{<3>}$ — la valeur de la susceptibilité électrique non-linéaire du troisième ordre, $\chi^{<3>}/\alpha$ — le facteur de qualité optique non-linéaire du matériau, γ_t^* — la valeur de l'hyperpolarisabilité optique estimée théoriquement.

Molécules	α [cm^{-1}]	β [90] [cm · GW^{-1}]	$\chi^{<3>}$ [m^2 · V^{-2}]	$\chi^{<3>}/\alpha$ [m^3 · V^{-2}]	γ_t^* [m^5 · V^{-2}]
F3	1,8	8,2	$1,6 \cdot 10^{-20}$	$8,8 \cdot 10^{-20}$	$4.8 \cdot 10^{-38}$
F4	1,9	13,6	$2.4 \cdot 10^{-20}$	$1,2 \cdot 10^{-19}$	$1.4 \cdot 10^{-37}$
C$_{60}$	–	5,1	$1,2 \cdot 10^{-20}$	$2,35 \cdot 10^{-20}$	$1.0 \cdot 10^{-39}$ [91]

Pour les deux fullerènes **F3** et **F4**, nous avons mesuré la valeur de l'intensité du faisceau <4> pour de différentes directions de la polarisation des faisceaux incidents <1>, <2>, <3>. Par conséquent, il est possible de séparer la composante électronique de la composante moléculaire du tenseur de la susceptibilité électrique non-linéaire du troisième ordre. Les mesures ont été faites avec une approximation égale à $\pm\, 0,1 \cdot 10^{-21}$ [m^2/V^2]. Les résultats des mesures sont présentés ci-après:

a) le fullerène **F3** modifié par la cyclo-addition 2—tioxo—1,3—ditiole

$$\chi_{xxxx}^{<3>} = 1,6 \cdot 10^{-20} \; [m^2/V^2] = 1,14 \cdot 10^{-12} \; [esu]$$

$$\chi_{yxxy}^{<3>} = 0,6 \cdot 10^{-21} \; [m^2/V^2] = 4,28 \cdot 10^{-14} \; [esu]$$

$$\chi_{yxyx}^{<3>} = 9,8 \cdot 10^{-21} \; [m^2/V^2] = 7,00 \cdot 10^{-13} \; [esu]$$

$$\chi_{xxyy}^{<3>} = 1 \cdot 10^{-20} \; [m^2/V^2] = 7,14 \cdot 10^{-13} \; [esu]$$

$$\chi_{xxxx}^{<3>} \cong 1,6 \cdot \chi_{xxyy}^{<3>} \cong 1,6 \cdot \chi_{yxyx}^{<3>} \cong 3 \cdot \chi_{yxxy}^{<3>} \tag{6.5}$$

$$\chi_{xxxx}^{<3>el} \cong 1.4 \cdot \chi_{xxxx}^{<3>exp} \qquad \chi_{xxxx}^{<3>m} \cong -0.4 \cdot \chi_{xxxx}^{<3>exp} \tag{6.6}$$

b) le fullerène **F4** modifié par le greffage du groupe TTF

$$\chi_{xxxx}^{<3>} = 2,4 \cdot 10^{-20} \; [m^2/V^2] = 1,71 \cdot 10^{-12} \; [esu]$$

$$\chi_{yxxy}^{<3>} = 9,14 \cdot 10^{-21} \; [m^2/V^2] = 5,52 \cdot 10^{-13} \; [esu]$$

$$\chi_{yxyx}^{<3>} = 1,5 \cdot 10^{-20} \; [m^2/V^2] = 1,07 \cdot 10^{-12} \; [esu]$$

$$\chi_{xxyy}^{<3>} = 1,3 \cdot 10^{-20} \; [m^2/V^2] = 9,28 \cdot 10^{-13} \; [esu]$$

$$\chi_{xxxx}^{<3>} \cong 1,5 \cdot \chi_{xxyy}^{<3>} \cong 1,5 \cdot \chi_{yyyx}^{<3>} \cong 2,6 \cdot \chi_{yxxy}^{<3>} \tag{6.7}$$

$$\chi_{xxxx}^{<3>el} \cong 1.5 \cdot \chi_{xxxx}^{<3>exp} \qquad \chi_{xxxx}^{<3>m} \cong -0.5 \cdot \chi_{xxxx}^{<3>exp} \tag{6.8}$$

Les abréviations *exp*, *el*, *m* qui ont été employées dans les expressions susdites à côté du symbole de la susceptibilité électrique non-linéaire du troisième ordre, désignent respectivement: la valeur expérimentale estimée $\chi^{<3>}$ sa composante électronique et moléculaire. Les composés (1.25 – 1.27) et les relations (6.5), (6.7) démontrent que les relations (6.6) et (6.8) sont satisfaites pour les fullerènes **F3** et aussi **F4**. Il résulte de ces relations que la valeur de la composante électronique du tenseur de la susceptibilité optique non-linéaire du troisième ordre est beaucoup plus grande que la valeur de la composante moléculaire. Cela signifie que, dans les cas de ces fullerènes, la valeur de la susceptibilité troisième ordre est influencée avant tout par le changement de la distribution de densité de charge provoquée par l'asymétrie de la molécule. La valeur de la composante électronique du tenseur $\chi^{<3>}$ est beaucoup plus grande pour le fullerène **F4** que la valeur analogue détreminée pour le fullerène **F3**. Pour les deux fullerènes modifiés **F3** et **F4** on a déterminé la distribution complète de la densité électronique à l'aide du programe Hyper Chem. Dans les deux cas le nuage électronique est distribué de la même manière sur toute la surface du fullerène modifié. Il en résulte que l'accroissement des propriétés optiques non-linéaires des deux fullerènes modifiés n'est pas le résultat des processus du "transfert de la charge" mais de l'asymétrie de la distribution de la densité électronique dans la molécule. Dans la chaîne latérale du fullerène **F4** il y a un système des liaisons doubles conjuguées, et c'est pourquoi l'asymétrie de la distribution de la densité électronique est supérieure à celle de la molécule **F3**. Cela suggère que les propriétés optiques non-linéaires du fullerène **F4** sont meilleures que les propriétés du fullerènes **F3**. Cela aussi confirmé par les résultats expérimentaux. Comme il résulte des études, l'accroissement des dimensions du fullerène par l'adjonction du groupe donneur TTF entraîne le décroissement de l'écart énergetique par rapport au fullerène **F3** d'une valeur de 0,57 eV (voir tableau 6.5.).

Tableau 6.5. Valeurs théoriques de l'énergie des niveaux HOMO et LUMO pour les fullerènes **F3** et **F4**.

Molécules	Méthode	HOMO [eV]	LUMO [eV]	$\Delta_{śr}$(LUMO – HOMO) [eV]
F3	AM1	-8,831	-3,758	5,012
	PM3	-8,741	-3,789	
F4	AM1	-7,839	-3,629	4,447
	PM3	-8,343	-3,659	

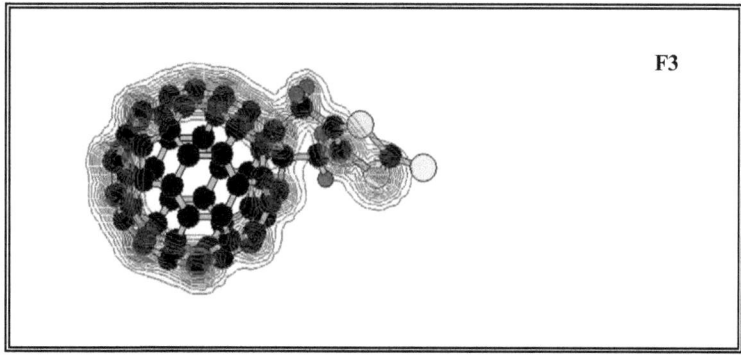

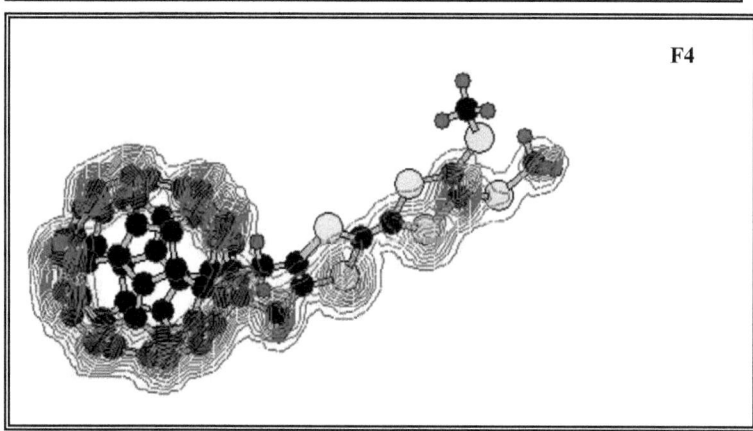

Figure 6.10. Distribution complète de la densité électronique pour les fullerènes modifiés **F3** et **F4** qui a été déterminé à l'aide du programme HyperChem.

En se servant du programme HyperChem, on a déterminé les valeurs des moments dipolaires pour les fullerènes **F3** et **F4**. Les valeurs des moments dipolaires calculées ont été collectées dans les tableau 6.6. Les symboles *x*, *y*, *z* employés dans ce tableau, désignent les valeurs des moments dipolaires déterminées pour l'axe donnée du système des coordonnées.

Tableau 6.6. Valeurs des moments dipolaires à l'état fondamental et excité pour les fullerènes modifieés **F3** et **F4** calculés à l'aide du programme HyperChem.

Molécule	F3	F4
μ_x (g) [C · m]	$5.1412 \cdot 10^{-30}$	$2.64245 \cdot 10^{-30}$
μ_y (g) [C · m]	$2.5197 \cdot 10^{-30}$	$-4.38068 \cdot 10^{-30}$
μ_z (g) [C · m]	$3.2533 \cdot 10^{-30}$	$-4.99441 \cdot 10^{-30}$
μ_x (e) [C · m]	$7.1404 \cdot 10^{-30}$	$5.15497 \cdot 10^{-30}$
μ_y (e) [C · m]	$6.9213 \cdot 10^{-30}$	$-4.71595 \cdot 10^{-31}$
μ_z (e) [C · m]	$2.1765 \cdot 10^{-30}$	$-5.83716 \cdot 10^{-30}$
μ_x (h) [C · m]	$8.0972 \cdot 10^{-30}$	$5.64189 \cdot 10^{-29}$
μ_y (h) [C · m]	$1.9707 \cdot 10^{-29}$	$1.18801 \cdot 10^{-29}$
μ_z (h) [C · m]	$5.3972 \cdot 10^{-30}$	$-3.91122 \cdot 10^{-29}$
μ_x (e→g) [C · m]	$6.3545 \cdot 10^{-30}$	$-5.50654 \cdot 10^{-30}$
μ_y (e→g) [C · m]	$-1.7646 \cdot 10^{-30}$	$2.44853 \cdot 10^{-30}$
μ_z (e→g) [C · m]	$5.0768 \cdot 10^{-30}$	$-5.06112 \cdot 10^{-30}$
μ_x (e→h) [C · m]	$3.9467 \cdot 10^{-30}$	$-3.83307 \cdot 10^{-30}$
μ_y (e→h) [C · m]	$-1.1088 \cdot 10^{-30}$	$1.7043 \cdot 10^{-30}$
μ_z (e→h) [C · m]	$3.1885 \cdot 10^{-30}$	$-3.52281 \cdot 10^{-30}$

Nous avons utilisé les désignations suivantes:

(g) — l'état fondamental (ang. „ground state");

(e) — le premier état excité;

(h) — l'état excité suivant;

μ(e → g) — le changement du moment dipolaire dont la valeur est la différence entre le premier état excité (e) et l'état fondamental (g);

μ(e → h) — le changement du moment dipolaire dont la valeur est la différence entre le premier état excité (e) et l'état excité suivant (h);

Les valeurs des moments dipolaires calculées pour les deux fullerènes **F3** et **F4** ne dépassent pas la limite de $1.18801 \cdot 10^{-29}$ [C · m] à $3.91122 \cdot 10^{-31}$ [C · m]. À partir des valeurs des moments dipolaires, on a calculé la valeur théorique de l'hyperpolarisabilité optique γ_t^*, en appliquant l'expression (3.49). La valeur théorique γ_t^* n'a été déterminée que pour la polarisation verticale. C'est pourquoi pour calculer cette valeur, on n'a pris en compte que les valeurs des moments dipolaires dans la direction de l'axe *x*. Comme il résulte du tableau 6.4. la valeur théorique de l'hyperpolarisabilité optique est trois fois plus grande pour le fullerène avec le groupe TTF adjoint.

En s'appuyant sur les résultats des études, on a constaté que les fullerènes **F2** et **F4** démontrent les meilleures propriétés optiques non-linéaires. Les valeurs estimées de la susceptibilité du troisième ordre set les coefficients d'absorption linéaire et non-linéaire sont les plus grands pour ces fullerènes et elles sont égales à:

- pour le fullerène **F2** $7,4 \cdot 10^{-20}$ [m^2 · V^{-2}]; 6,5 cm^{-1}; 5,6 [cm · GW^{-1}],
- pour le fullerène **F4** $2,4 \cdot 10^{-20}$ [m^2 · V^{-2}]; 1,9 cm^{-1}; 13,6 [cm · GW^{-1}],

cependant les plus petites valeurs de ces grandeurs physiques ont été observées pour le fullerène **F3** et elles sont égales à:

- pour le fullerène **F3** $1,6 \cdot 10^{-20}$ [m^2 · V^{-2}]; 1,8 cm^{-1}; 8,2 [cm · GW^{-1}].

En tenant compte de la valeur de l'hyperpolarisabilité optique du second ordre estimée théoriquement qui décrit les propriétés optiques non-linéaire au niveau microscopique, nous avons constaté que les fullerènes **F2** et **F4** démontrent la plus grande valeur de ce paramètre. À la base des résultats obtenus, on a constaté que le greffage de la chaîne du groupe donneur TTF entraîne une amélioration des propriétés optiques non-linéaires des fullerènes au niveau micro— et macroscopique. Cet effet est lié au sextet des électrons délocalises π qu'on trouve dans le noyau aromatique thiophène [105]. L'accroissement de la distance entre la structure accepteur du fullerène et le groupe donneur TTF par le greffage de la chaîne des liaisons de carbone saturées entraîne amélioration significative des propriétés optiques non-linéaires. Les résultats présentés dans cette thèse suggèrent qu il faut continuer dans cette voie de modification appropriée des fullerènes afin qu'ils d'obtenir des matériaux d'un bon rendement dans les processus optiques.

6.2. Résultats expérimentaux pour les polyènes conjugueés

Le phénomène du transfert de l'électron le long des chaînes de carbone, qui par la présence des liaisons conjuguées, a suscité un plus grand intérêt à l'égard des polyènes en vue de l'utilisation de ces composés en optoélectronique [92]. Jusqu'à présent, on n'a étudié que les propriétés optiques non-linéaires du deuxième ordre de ces composés [93 — 97]. C'est pourquoi on a effectué les études des propriétés optiques non-linéaire du troisième ordre pour les molécules octupolaires et dipolaires. Comme il résulte des travaux antérieurs, les molécules de ce type possèdent des hyperpolarisabilités plus élevée que celles dipolaires. La présence des liaisons conjuguées est favorable à l'augmentation de la polarisation des polyènes sous le champ électrique externe [22, 98, 99].

Dans ce chapitre on a présenté les résultats des études expérimentales et les calculs théoriques qu'on a effectués pour les molécules qui contiennent les systèmes des doubles liaisons conjuguées sous l'aspecte chimique (du point de vue de la chimie) ces molecules constituent les éthers des groupements polyènes et alkyls. On a examine deux genes des molécules de le groupe: les mes à caractère octupolaire, les autres - dipolaires [100]. Dans la partie suivante de la thèse on les a designées respectivement „O" et „D". La lettre "n" désigne le nombre des liaisons conjuguées π. Les denominations systématiques des composes étudiés sont suivantes: O_1 — 1,3,5-tris[2-{3,4-dibutoksyfénylo)-vinylo]benzène, O_2 — 1,3,5-tris[4-(3,4-dibutoksyfénylo)-1,3-butadienylo] benzène, O_3 — 1,3,5-tris[6-(3,4-dibutoksyfénylo)-1,3,5-heksatriénylo]benzène, D_1 — 1-(3,4-dibutoksyfénylo)-2-fenyloeten, D_2 — 1-(3,4-dibutoksyfénylo)-4-fénylo-1,3-butadien, D_3 — 1-(3,4-dibutoksyfénylo)-4-fénylo-1,3,5-heksatrien.

Ces études ont eu pour but principal d'établir une relation entre les propriétés optiques non-linéaires et la structure chimique électronique des matériaux étudiés. Pour étudier les corrélations entre ces propriétés, on a modifié les matériaux en changeant le nombre des liaisons conjuguées π dans les chaînes de carbone qui unissent les anneaux de benzène. L'accroissement du nombre de ces liaisons entraîne l'allongement de la chaîne moléculaire. La synthèse et aussi les modes de la modification de ces matériaux ont été décrits en détails dans les travaux [95, 96]. La figure 6.11. présente la structure chimique des molécules étudiées, la lettre "n" désigne le nombre des liaisons conjuguées π.

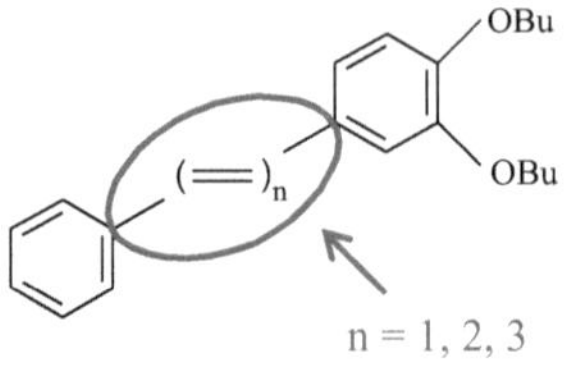

Figure 6.11. Structure chimique de la molécule dipolaire (**D**) et de la molécule octupolaire (**O**). Le nombre "n" désigne le nombre des liaisons conjuguées π dans les chaînes de carbone qui unissent les anneaux de benzène.

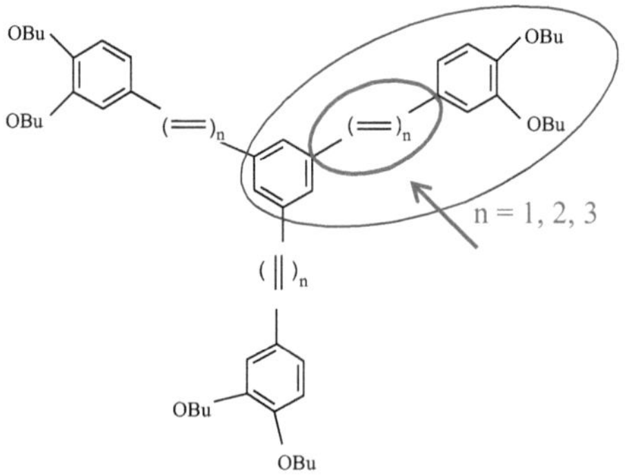

Pour déterminer les paramètres optiques non-linéaires du troisième ordre, on a effectué les mesures du rendement du processus du melange quatre ondes (*DFWM*) dans les échantillons des matériaux particuliers. Les échantillons ont été étudiés en solution dans le tetrahydrofurane. On a étudié les solutions dans une cuve de verre d'épaisseur 2mm. Pour déterminer la concentration optimale, en terme de réponse optique, de la solution pour tous les composés nous avons fait la mesure de l'intensité de la quatrième onde pour différentes concentrations de la solution. Les concentrations successives différaient de 0,5 g/l. De plus, pour chaque concentration on a déterminé la valeur du coefficient d'absorption linéaire de la lumière α et de la susceptibilité du troisième ordre $\chi^{<3>}$. Les résultats obtenus pour les deux groupes de composés (les molécules octupolaires et les molécules dipolaires) étaient similaires. En conséquent sur les figures 6.14. et 6.15. Nous présenté des exemples de diagrammes pour un composé de chaque groupe (n=3). Dans le cas de tous les composés nous avons observé que la plus grande valeur de l'intensité est obtenue pour une concentration d'environ 2.5 g/l. On a accepté cette valeur comme la concentration optimale pour les études ultérieures. Pour les six composés étudiés on a déterminé les spectres d'absorption de la lumière. On a mesuré ces spectres à l'aide du spectomètre Perkin-Elmer Lambda 9 au pouvoir séparateur 7 nm/m dans le domaine de longueurs d'onde 250-550 nm. Pour la mesure des spectres de l'absorption nous avons utilisé une cuve de longueur 1 cm, et la concentration des solutions étudiés était de $1 \cdot 10^{-5}$ mol/l. Les spectres d'absorption mesurés ont été présentés sur la figure 6.12.

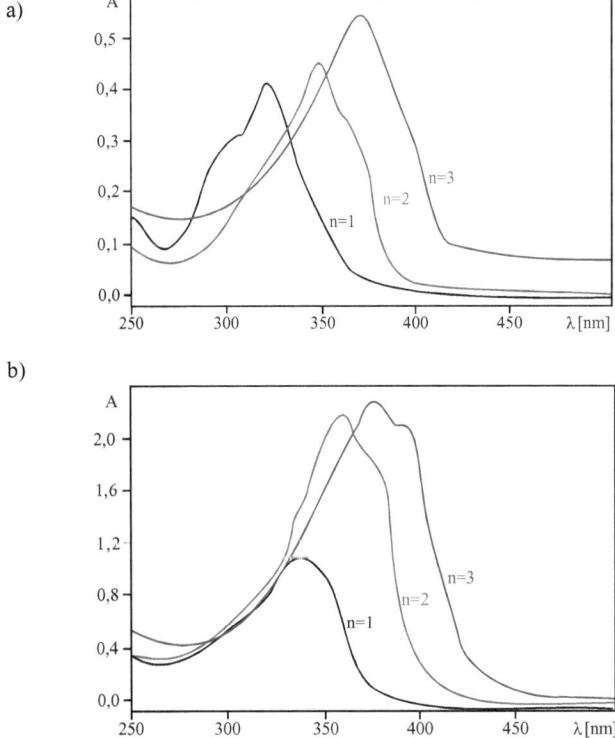

Figure 6.12. Spectre d'absorption de la lumière pour les molécules dipolaires (a) et pour les molécules octupolaires (b) déterminé par la méthode spectrométrique. Le nombre "n" désigne le nombre des liaisons conjuguées dans les chaînes de carbone qui unissent les anneaux de benzène.

Comme on voit sur la figure 6.12, les molécules octupolaires aussi bien que les molécules dipolaires montrent un déplacement graduel des maximums d'absorption dans la direction des ondes plus longues, ceci s'effectue en même temps que l'accroissement du nombre des liaisons conjuguées π dans les chaîne de carbone qui unissent les anneaux du benzène. La valeur l'absorption de la lumière à la longueur d'onde utilisée dans l'expérience est relativement faible pour tous les composés ($\approx 0,01$).

La figure 6.13. présente un exemple de la relation entre le coefficient de la transmission et la valeur de l'intensité de l'onde pompe I_1 pour la molécule dipolaire (n=3) et pour la molécules octupolaire (n=3). Nous avons obtenus de résultats similaires. Les points du diagramme représentent les données expérimentales; chaque point correspond à la moyenne de 50 impulsions laser. La ligne continue représente la courbe théorique. Puisque la relation entre la valeur de la transmission et l'intesité de l'onde pompe I_1 à un caractère linéaire, pour déduire les valeurs des coefficients d'absorptions linéaires nous nous sommes servi de l'expression théoriques décrites par l'équation (1.42).

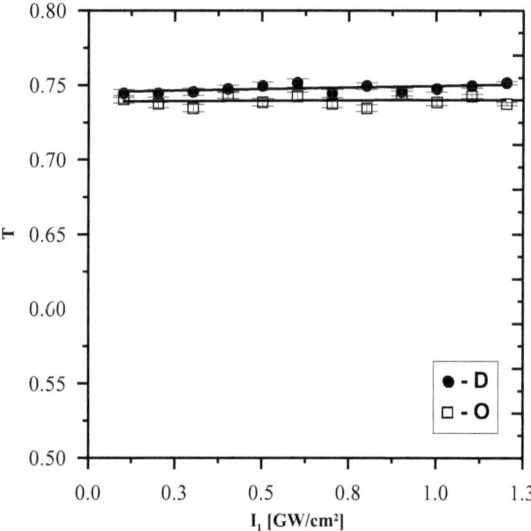

Figure 6.13. Diagramme de la transmission de la lumière T en fonction de l'intensité de l'onde pompe I_1 pour la molécule dipolaire (**D**) et pour les molécules octupolaires (**O**). La ligne continué représente la courbe théorique donnée par l'équation (1.42). Chaque point correspond à la moyenne de 50 impulsions laser.

La valeur de la transmission du faisceau de la lumière ne dépend pas de l'intensité de l'onde pompe. Il en résulte que les molécules octupolaires aussi bien que les molécules dipolaires ne montrenet que l'absorption linéaire. Cela signifie que la partie imaginaire de la susceptibilité électrique non-linéaire est égale à zéro.

Les courbes théoriques nous ont permis de déterminer la valeur des coefficients d'absorption linéaire de la lumière α pour toutes les molécules. Les valeurs de ces coefficients, que l'on a calculées, ont été collectées dans le tableau 6.7. À l'aide des résultats des mesures et en utilisant l'expression (1.42), on a déduit la relation entre le coefficient d'absorption linéaire et la concentration de la solution.

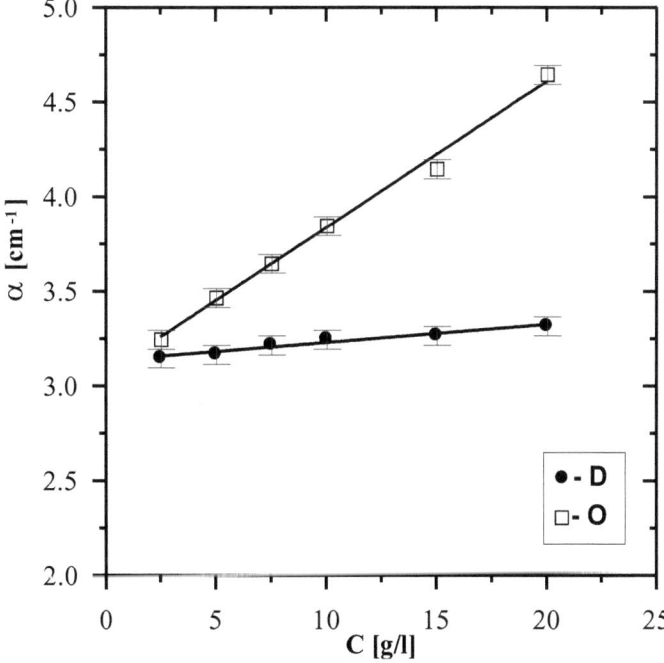

Figure 6.14. Diagramme du coefficient d'absorption linéaire de la lumière en fonction de la concentration C pour la molécule dipolaire (**D**) et pour la molécule octupolaire (**O**) dans les deux cas le nombre des liaisons de carbone conjuguées est n=3.

On a constaté que, dans le domaine des concentrations appliquées, les valeur des coefficients d'absorption des molécules octupolaires montre un fort accroissement linéaire lors de l'accroissement de la concentration de l'échantillon (la figure 6.14), cependant pour les molécules dipolaires cette accroissement est beaucoup plus faible, mais reste linéaire. Les relations entre la susceptibilité électrique du troisième ordre et la concentration de la solution employée pour les études ont été de caractère identique (la figure 6.15).

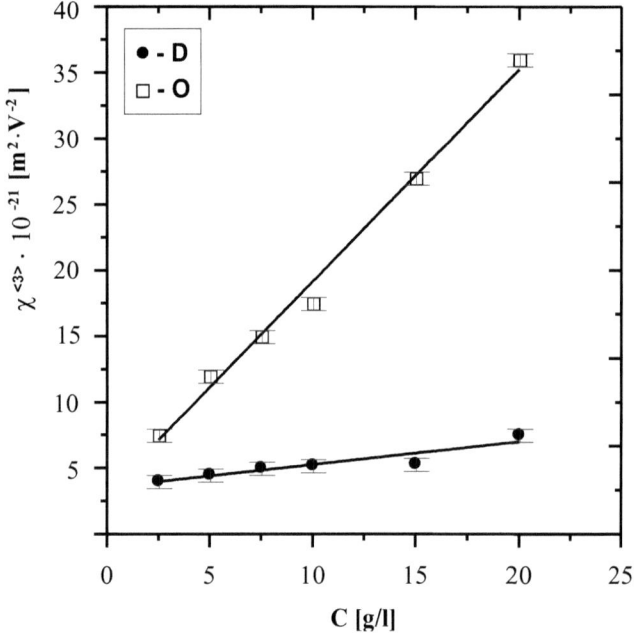

Figure 6.15. Diagramme de la susceptibilité du troisième ordre $\chi^{<3>}$ en fonction de la concentration appliquée pour la molécule octupolaire (**O**) et pour la molécule dipolaire (**D**) pour n = 3.

La figure 6.16 présente le diagramme de la relation entre le rendement du mélange quatre ondes et l'intensité du faisceau pompe pour les composés étudiés. Puisque les résultts expérimentales obtenues pour le molécules dipolaires et octupolaires, nous avons choisi de présenter sur la figure 6.16., la réponse optique que pour une molécule de chaque groupe à savoir: la molécule octupolaire dans n=3 liaisons et une molécule dipolaire dans n=3 liaisons également afin de faciliter la comparaison. Dans les cas des deux mesures on a observé un bon accord entre les modèle théorique (la courbe) et les résultats expérimentaux (les points). Les points représentent les données expérimentales, chaque point correspond à la moyenne de 50 impulsions laser. La ligne continue représente la courbe théorique tracé à l'aide de l'équation (2.15). Aux vues des relations présentées sur les figures 6.13. et 6.16., on a déterminé la valeur du coefficient de l'absorption linéaire de la lumière α et du coefficient de la susceptibilité du troisième ordre $\chi^{<3>}$, et ensuite d'après l'équation (1.39.), on a calculé la valeur de l'hyperpolarisabilité optique du second ordre et la valeur du facteur de la qualité optique non-linéaire du matériau $\chi^{<3>}/\alpha$.

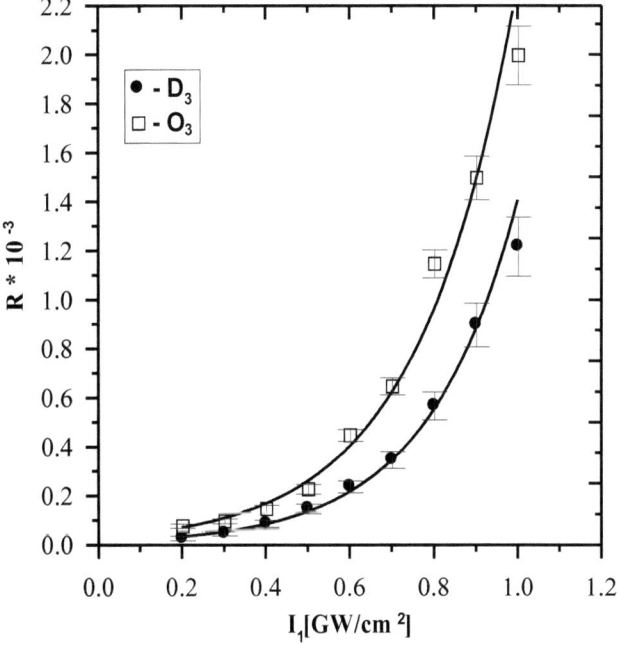

Figure 6.16. Diagramme de la relation entre le rendement DFWM et l'intensité du faisceau pompe <1> pour la molécule dipolaire (n=3) et pour la molécule octupolaire (n=3) à une polarisation verticale des faisceaux incidents <1>, <2>, <3>. la ligne continue représente la courbe théorique donnée par l'équation (2.15). Chaque point correspond à la moyenne de 50 impulsions laser.

Partie expérimentale

Tableau 6.7. Les paramètres présentés dans le tab eau: n – du nombre des liaisons conjuguées π, λ_{max} – les maximums d'absorption, M – la masse molaire du soluté, C – la concentration des molécules en solution, α – le coefficient d'absorption linéaire de la lumière, $\chi^{<3>}$ – la valeur de la susceptibilité électrique non-linéaire du troisième ordre, $\chi^{<3>}/\alpha$ – le facteur de qualité optique non-linéaire du matériau, γ^* – la valeur de l'hyperpolarisabilité optique du second ordre, γ_t^* – la valeur de l'hyperpolarisabilité optique estimée théoriquement pour les les polyènes conjugueés.

Molécules	n	λ_{max}	M [g]	C [g/l]	α [cm^{-1}]	$\chi^{<3>}$ [m$^2 \cdot$ V^{-2}]	$\chi^{<3>}/\alpha$ [m$^3 \cdot$ V^{-2}]	γ^* [m$^5 \cdot$ V^{-2}]	γ_t^* [m$^5 \cdot$ V^{-2}]
D_1 - (n = 1)	1	320	324	2.5	2.8	$3.7 \cdot 10^{-21}$	$1.3 \cdot 10^{-19}$	$0.2 \cdot 10^{-45}$	$0{,}15 \cdot 10^{-39}$
D_2 - (n = 2)	2	352	350	2.5	2.9	$4.6 \cdot 10^{-21}$	$1.4 \cdot 10^{-19}$	$0.3 \cdot 10^{-45}$	$3{,}3 \cdot 10^{-38}$
D_3 - (n = 3)	3	370	376	2.5	3.3	$7.4 \cdot 10^{-21}$	$2.1 \cdot 10^{-19}$	$0.5 \cdot 10^{-45}$	$8{,}3 \cdot 10^{-38}$
0_1 - (n = 3)	3	335	816	2.5	3.0	$4.5 \cdot 10^{-21}$	$1.3 \cdot 10^{-19}$	$0.6 \cdot 10^{-45}$	$1{,}6 \cdot 10^{-38}$
0_2 - (n = 6)	6	365	894	2.5	3.4	$6.0 \cdot 10^{-21}$	$1.4 \cdot 10^{-19}$	$0.9 \cdot 10^{-45}$	$7{,}1 \cdot 10^{-38}$
0_3 - (n = 9)	9	382	972	2.5	4.0	$8.9 \cdot 10^{-21}$	$2.2 \cdot 10^{-19}$	$1.4 \cdot 10^{-45}$	$9{,}8 \cdot 10^{-38}$

Tableau 6.8. Les valeurs théoriques de l'énergie des niveaux HOMO et LUMO pour les polyènes conjugueés.

Molécules	Méthode	HOMO [eV]	LUMO [eV]	Δ_{sr}(LUMO – HOMO) [eV]
D_1 - (n = 1)	AM1	-8,369	-0,721	7,617
	PM3	-8,466	-0,881	
D_2 - (n = 2)	AM1	-8,088	-0,955	7,041
	PM3	-8,084	-1,134	
D_3 - (n = 3)	AM1	-7,712	-1,379	6,274
	PM3	-7,796	-1,577	
0_1 - (n = 3)	AM1	-8,042	-1,061	6,956
	PM3	-8,153	-1,222	
0_2 - (n = 6)	AM1	-7,895	-1,821	6,074
	PM3	-7,850	-1,859	
0_3 - (n = 9)	AM1	-7,298	-2,495	4,803
	PM3	-7,300	-2,405	

Les valeurs numériques des grandeurs physiques calculées ont été rassemblées dans le tableau 6.7. On peut en déduire qu'il existe une relation entre le nombre des liaisons de carbone conjuguées π jointes aux molécules dipolaires et octupolaires modifiées et les propriétés optiques non-linéaires du troisième ordre. On peut expliquer cette relation par l'accroissement de l'effet du transfert de la charge (ang.charge — transfer) qui devient plus fort lorsqu'on augmente la longueur de la chaîne des liaisons de carbone conjuguées π [101].

Dans le cas des molécules dipolaires la valeur de la susceptibilité du troisième ordre pour n = 3 est deux fois plus grande que la valeur de ce même paramètre pour n = 1. Un comportement similaire a été observée pour les molécules octupolaires. En comparant les valeurs de $\chi^{<3>}$ obtenues pour les molécules dipolaires modifiées et celles des molécules octupolaires, qui ont le même nombre des liaisons conjuguèes "n", on a constaté que la valeur de la susceptibilité du troisième ordre pour les molécules octupolaires est d'un ordre de grandeur plus que celle élevée des molécules dipolaires. Par contre, les valeurs du facteur de la qualité optique non-linéaire sont approchées pour les molécules octupolaires et dipolaires qui correspondent par rapport au nombre des liaisons conjuguées. On a observé de grandes différences des valeurs de ce paramètre à l'intérieur des groupes particulier des molécules. Par exemple, pour les molécules octupolaires de n=3 et n=1 le rapport des valeurs convenables du coefficient optique non-linéaire est égale à 1,6. L'hyperpolarisabilité optique est le dernier paramètre optique non-linéaire que l'on a déterminé. Les valeurs de ce paramètre calculées pour les molécules octupolaires sont trois fois plus grandes par rapport aux molécules dipolaires correspondantes. Du point de vue macroscopique, les solutions des molécules dipolaires et octupolaires sont homogènes. Puisque pendant l'expérience nous avons appliqué de courtes impulsions laser (30 ps) et que trois faisceaux laser incidents à l'échantillon ont été cohérents temporellement et spatialement, il est possible de séparer la composante électronique de la composante moléculaire du tenseur de la susceptibilité électrique non-linéaire. Pour déterminer le tenseur de la susceptibilité du troisième ordre pour les molécules dipolaires et octupolaires, nous avons mesurer l'intensité du faisceau <4> aux différentes polarisations des faisceaux incidents. On a fait les mesures avec une approximation égale à ± 0,1 · 10^{-21} [m^2/V^2]. Nous avons obtenu les résultats suivants:

a) la molécule dipolaire n = 1 — une liaison de carbone conjuguée π.

$$\chi^{<3>}_{xxxx} = 3,7 \cdot 10^{-21} \; [m^2/V^2] = 2,6 \cdot 10^{-13} \; [esu]$$

$$\chi^{<3>}_{yxxy} = 7,4 \cdot 10^{-22} \; [m^2/V^2] = 5,3 \cdot 10^{-14} \; [esu]$$

$$\chi^{<3>}_{yxyx} = 1,1 \cdot 10^{-21} \; [m^2/V^2] = 5,8 \cdot 10^{-14} \; [esu]$$

$$\chi^{<3>}_{xxyy} = 1,2 \cdot 10^{-21} \; [m^2/V^2] = 8,6 \cdot 10^{-14} \; [esu]$$

$$\chi^{<3>}_{xxxx} \cong 3 \cdot \chi^{<3>}_{xxyy} \cong 3 \cdot \chi^{<3>}_{yxyx} \cong 5 \cdot \chi^{<3>}_{yxxy} \tag{6.9}$$

$$\chi^{<3>el}_{xxxx} \cong 1.22 \cdot \chi^{<3>exp}_{xxxx} \qquad \chi^{<3>m}_{xxxx} \cong -0.22 \cdot \chi^{<3>exp}_{xxxx} \tag{6.10}$$

b) la molécule dipolaire n = 2 — deux liaisons de carbone conjuguées π.

$$\chi^{<3>}_{xxxx} = 4,6 \cdot 10^{-21} \; [m^2/V^2] = 3,3 \cdot 10^{-13} \; [esu]$$

$$\chi^{<3>}_{yxxy} = 5,1 \cdot 10^{-22} \; [m^2/V^2] = 3,6 \cdot 10^{-14} \; [esu]$$

$$\chi^{<3>}_{yxyx} = 1,4 \cdot 10^{-21} \; [m^2/V^2] = 1,0 \cdot 10^{-13} \; [esu]$$

$$\chi^{<3>}_{xxyy} = 1,3 \cdot 10^{-21} \; [m^2/V^2] = 9,3 \cdot 10^{-14} \; [esu]$$

$$\chi^{<3>}_{xxxx} \cong 3.3 \cdot \chi^{<3>}_{xxyy} \cong 3.3 \cdot \chi^{<3>}_{yxyx} \cong 9 \cdot \chi^{<3>}_{yxxy} \tag{6.11}$$

$$\chi^{<3>el}_{xxxx} \cong 1.35 \cdot \chi^{<3>exp}_{xxxx} \qquad \chi^{<3>m}_{xxxx} \cong -0.35 \cdot \chi^{<3>exp}_{xxxx} \tag{6.12}$$

c) la molécule dipolaire n = 3 — trois liaisons de carbone conjuguées π.

$$\chi^{<3>}_{xxxx} = 7,4 \cdot 10^{-21} \; [m^2/V^2] = 5,3 \cdot 10^{-13} \; [esu]$$

$$\chi^{<3>}_{yxxy} = 6,7 \cdot 10^{-22} \; [m^2/V^2] = 4,8 \cdot 10^{-14} \; [esu]$$

$$\chi^{<3>}_{yxyx} = 2,1 \cdot 10^{-21} \; [m^2/V^2] = 1,3 \cdot 10^{-13} \; [esu]$$

$$\chi^{<3>}_{xxyy} = 2{,}2 \cdot 10^{-21} \ [m^2/V^2] = 1{,}6 \cdot 10^{-13} \ [esu]$$

$$\chi^{<3>}_{xxxx} \cong 3.5 \cdot \chi^{<3>}_{xxyy} \cong 3.5 \cdot \chi^{<3>}_{yyyx} \cong 11 \cdot \chi^{<3>}_{yxxy} \quad (6.13)$$

$$\chi^{<3>el}_{xxxx} \cong 1.4 \cdot \chi^{<3>exp}_{xxxx} \qquad \chi^{<3>m}_{xxxx} \cong -0.4 \cdot \chi^{<3>exp}_{xxxx} \ (6.10) \quad (6.14)$$

d) la molécule octupolaire n = 1 — trois liaisons de carbone conjuguées π.

$$\chi^{<3>}_{xxxx} = 4{,}5 \cdot 10^{-21} \ [m^2/V^2] = 3{,}2 \cdot 10^{-13} \ [esu]$$

$$\chi^{<3>}_{yxxy} = 7{,}5 \cdot 10^{-22} \ [m^2/V^2] = 5{,}3 \cdot 10^{-14} \ [esu]$$

$$\chi^{<3>}_{yyyx} = 1{,}2 \cdot 10^{-21} \ [m^2/V^2] = 8{,}6 \cdot 10^{-14} \ [esu]$$

$$\chi^{<3>}_{xxyy} = 1{,}3 \cdot 10^{-21} \ [m^2/V^2] = 9{,}3 \cdot 10^{-14} \ [esu]$$

$$\chi^{<3>}_{xxxx} \cong 3 \cdot \chi^{<3>}_{xxyy} \cong 3 \cdot \chi^{<3>}_{yyyx} \cong 6 \cdot \chi^{<3>}_{yxxy} \quad (6.15)$$

$$\chi^{<3>el}_{xxxx} \cong 1.28 \cdot \chi^{<3>exp}_{xxxx} \qquad \chi^{<3>m}_{xxxx} \cong -0.28 \cdot \chi^{<3>exp}_{xxxx} \quad (6.16)$$

e) la molécule octupolaire n = 2 — six liaisons de carbone conjuguées π.

$$\chi^{<3>}_{xxxx} = 6{,}0 \cdot 10^{-21} \ [m^2/V^2] = 4{,}3 \cdot 10^{-13} \ [esu]$$

$$\chi^{<3>}_{yxxy} = 6{,}6 \cdot 10^{-22} \ [m^2/V^2] = 4{,}7 \cdot 10^{-14} \ [esu]$$

$$\chi^{<3>}_{yyyx} = 1{,}8 \cdot 10^{-21} \ [m^2/V^2] = 1{,}3 \cdot 10^{-13} \ [esu]$$

$$\chi^{<3>}_{xxyy} = 1{,}7 \cdot 10^{-21} \ [m^2/V^2] = 1{,}2 \cdot 10^{-13} \ [esu]$$

$$\chi^{<3>}_{xxxx} \cong 3.1 \cdot \chi^{<3>}_{xxyy} \cong 3.1 \cdot \chi^{<3>}_{yyyx} \cong 8 \cdot \chi^{<3>}_{yxxy} \quad (6.17)$$

$$\chi_{xxxx}^{<3>el} \cong 1.32 \cdot \chi_{xxxx}^{<3>exp} \qquad \chi_{xxxx}^{<3>m} \cong -0.32 \cdot \chi_{xxxx}^{<3>exp} \qquad (6.18)$$

f) la molécule octupolaire n = 3 — neuf liaisons de carbone conjuguées π.

$$\chi_{xxxx}^{<3>} = 8,9 \cdot 10^{-21} \left[m^2/V^2\right] = 6,4 \cdot 10^{-13} \left[esu\right]$$

$$\chi_{yxxy}^{<3>} = 2,6 \cdot 10^{-22} \left[m^2/V^2\right] = 1,8 \cdot 10^{-13} \left[esu\right]$$

$$\chi_{yyyx}^{<3>} = 2,5 \cdot 10^{-21} \left[m^2/V^2\right] = 1,8 \cdot 10^{-13} \left[esu\right]$$

$$\chi_{xxyy}^{<3>} = 2,7 \cdot 10^{-21} \left[m^2/V^2\right] = 1,9 \cdot 10^{-13} \left[esu\right]$$

$$\chi_{xxxx}^{<3>} = 3,2 \cdot \chi_{xxyy}^{<3>} = 3,2 \cdot \chi_{yyyx}^{<3>} = 11 \cdot \chi_{yxxy}^{<3>} \qquad (6.19)$$

$$\chi_{xxxx}^{<3>el} \cong 1.4 \cdot \chi_{xxxx}^{<3>exp} \qquad \chi_{xxxx}^{<3>m} \cong -0.4 \cdot \chi_{xxxx}^{<3>exp} \quad (6.16) \qquad (6.20)$$

Les abréviations *exp*, *el*, *m* qui ont été employées dans les expressions susdites à côté du symbole de la susceptibilité électrique non-linéaire du troisième ordre, désigne respectivement: la valeur exérimentale estimée $\chi^{<3>}$, sa composante électronique et moléculaire. En tenant compte des composés (1.25 — 1.27) et des expressions: (6.9), (6.11), (6.13), (6.15), (6.17), (6.19), pour les molécules dipolaires et octupolaires, nous avons avons obtenu les relations suivantes: (6.10), (6.12), (6.14), (6.16), (6.18), (6.20). Les valeurs déterminées des composantes électroniques pour les molécules dipolaires et octupolaires sont beaucoup plus grandes que les composantes moléculaires corraspondantes. Cele signifie que les propriétés optiques non-linéaires sont influencées avant tout par le phénomène de transfert de la charge qui est lié à la présence des liaisons conjuguées π dans les chaînes de carbone qui unissent les anneaux de benzène.

Le tableau 6.8 présente les valeurs de l'énergie des niveaux HOMO et LUMO qui ont été estimées théoriquement. Les résultats obtenus montrent que lorsque le nombre des liaisons conjuguées π accroît dans les molécules dipolaires et octupolaires, la valeur de l'écart énergétique décroît. Par exemple, pour les molécules dipolaires à n=1 et n=3 la différence de l'écart énergétique est de 1,34 eV, cependant pour les molécules octupolaires a n=1 et n=3 cette différence est de 2,15 eV. Cela confirme notre conclusion précédente que la modification de la structure électronique par la jonction des molécules aux liaisons de carbone conjuguées du type π entraîne un renforcement du phénomène de transfert de la charge et par conséquent le décroissement de l'écart énergétique.

On s'est également servi du programme HyperChem pour déterminer les valeurs des moments dipolaires. Les valeurs des moments dipolaires calculées ont été collectées dans le tableau 6.9. Les symboles x, y, z employés dans ce tableau, désignent les valeurs des moments dipolaires déterminées pour l'axe donnée du système des coordonnées:

(g) — l'état fondamental (ang. „ground state");

(e) — le premier état excité;

(h) — l'état excité suivant;

$\mu(e \rightarrow g)$ — le changement du moment dipolaire dont la valeur est la différence entre le premier état excité (e) et l'état fondamental (g);

$\mu(e \rightarrow h)$ — le changement du moment dipolaire dont la valeur est la différence entre le premier état excité (e) et l'état excité suivant (h);

Les valeurs des moments dipolaires calculées dans le programme HyperChem pour les molécules étudiées, ne dépassent pas les limites $1.04085 \cdot 10^{-29}$ [C · m] à $7.27754 \cdot 10^{-31}$ [C · m]. Les valeurs de l'hyperpolarisabilité optique du second ordre (l'expression (3.49)), qui ont été calculées à l'aide des valeurs des moments dipolaires, ont été rassemblées dans le tableau 6.7.

D'après les valeurs obtenues on voit qu'il existe une nette tendance à l'accroissement de γ_t^* lors de l'accroissement des liaisons de carbone conjuguées π. Les différences entre les valeurs de l'hyperpolarisabilité optique déterminée expérimentalement et celles estimées théoriquement par HyperChem résultent du fait que, dans le cas des calculs théoriques on n'a pas pris en considération les interactions entre la molécule et le solvant.

Partie expérimentale

Tableau. 6.9. Valeurs des moments dipolaires à l'état fondamental et excité pour les polyènes conjugueés calculés à l'aide du programme HyperChem.

Molécules	D_1 - (n = 1)	D_2 - (n = 2)	D_3 - (n = 3)	O_1 - (n = 3)	O_2 - (n = 6)	O_3 - (n = 9)
μ_x (g) [C·m]	$1{,}69338 \cdot 10^{-31}$	$4{,}51568 \cdot 10^{-31}$	$4{,}51568 \cdot 10^{-31}$	$1{,}80727 \cdot 10^{-30}$	$-2{,}71041 \cdot 10^{-30}$	$1{,}69338 \cdot 10^{-31}$
μ_y (g) [C·m]	$-3{,}79758 \cdot 10^{-31}$	$-1{,}25918 \cdot 10^{-31}$	$-1{,}25918 \cdot 10^{-31}$	$6{,}24246 \cdot 10^{-31}$	$-2{,}0197 \cdot 10^{-30}$	$-3{,}79758 \cdot 10^{-31}$
μ_z (g) [C·m]	$8{,}30992 \cdot 10^{-31}$	$2{,}02771 \cdot 10^{-30}$	$2{,}02771 \cdot 10^{-30}$	$5{,}80826 \cdot 10^{-31}$	$4{,}01134 \cdot 10^{-31}$	$8{,}30992 \cdot 10^{-31}$
μ_x (e) [C·m]	$-4{,}7094 \cdot 10^{-31}$	$9{,}2852 \cdot 10^{-31}$	$9{,}2852 \cdot 10^{-31}$	$3{,}4377 \cdot 10^{-29}$	$1{,}23944 \cdot 10^{-29}$	$-4{,}7094 \cdot 10^{-31}$
μ_y (e) [C·m]	$1{,}11877 \cdot 10^{-29}$	$2{,}43369 \cdot 10^{-29}$	$2{,}43369 \cdot 10^{-29}$	$9{,}67464 \cdot 10^{-30}$	$2{,}07711 \cdot 10^{-29}$	$1{,}11877 \cdot 10^{-29}$
μ_z (e) [C·m]	$7{,}54907 \cdot 10^{-30}$	$6{,}30191 \cdot 10^{-30}$	$6{,}30191 \cdot 10^{-30}$	$7{,}06276 \cdot 10^{-30}$	$-5{,}07647 \cdot 10^{-30}$	$7{,}54907 \cdot 10^{-30}$
μ_x (h) [C·m]	$4{,}86144 \cdot 10^{-29}$	$1{,}01219 \cdot 10^{-29}$	$1{,}01219 \cdot 10^{-29}$	$-2{,}78623 \cdot 10^{-30}$	$-2{,}59214 \cdot 10^{-29}$	$4{,}86144 \cdot 10^{-29}$
μ_y (h) [C·m]	$2{,}11255 \cdot 10^{-30}$	$1{,}71846 \cdot 10^{-29}$	$1{,}71846 \cdot 10^{-29}$	$-9{,}31526 \cdot 10^{-31}$	$4{,}14972 \cdot 10^{-29}$	$2{,}11255 \cdot 10^{-30}$
μ_z (h) [C·m]	$7{,}02536 \cdot 10^{-30}$	$1{,}34993 \cdot 10^{-29}$	$1{,}34993 \cdot 10^{-29}$	$-1{,}10521 \cdot 10^{-30}$	$4{,}6426 \cdot 10^{-30}$	$7{,}02536 \cdot 10^{-30}$
μ_x (e → g) [C·m]	$-2{,}16432 \cdot 10^{-31}$	$4{,}76952 \cdot 10^{-31}$	$4{,}76952 \cdot 10^{-31}$	$3{,}25697 \cdot 10^{-29}$	$1{,}51048 \cdot 10^{-29}$	$-2{,}16432 \cdot 10^{-31}$
μ_y (e → g) [C·m]	$1{,}15674 \cdot 10^{-29}$	$2{,}44628 \cdot 10^{-29}$	$2{,}44628 \cdot 10^{-29}$	$9{,}0504 \cdot 10^{-30}$	$2{,}27908 \cdot 10^{-29}$	$1{,}15674 \cdot 10^{-29}$
μ_z (e → g) [C·m]	$6{,}71808 \cdot 10^{-30}$	$4{,}2742 \cdot 10^{-30}$	$4{,}2742 \cdot 10^{-30}$	$6{,}48194 \cdot 10^{-30}$	$-5{,}4776 \cdot 10^{-30}$	$6{,}71808 \cdot 10^{-30}$
μ_x (e → h) [C·m]	$-4{,}86615 \cdot 10^{-29}$	$-9{,}19335 \cdot 10^{-30}$	$-9{,}19335 \cdot 10^{-30}$	$3{,}71632 \cdot 10^{-29}$	$3{,}83158 \cdot 10^{-29}$	$-4{,}86615 \cdot 10^{-29}$
μ_y (e → h) [C·m]	$9{,}07511 \cdot 10^{-30}$	$7{,}15228 \cdot 10^{-30}$	$7{,}15228 \cdot 10^{-30}$	$1{,}06062 \cdot 10^{-29}$	$-2{,}0726 \cdot 10^{-29}$	$9{,}07511 \cdot 10^{-30}$
μ_z (e → h) [C·m]	$5{,}23712 \cdot 10^{-31}$	$-7{,}19737 \cdot 10^{-30}$	$-7{,}19737 \cdot 10^{-30}$	$8{,}16797 \cdot 10^{-30}$	$-9{,}71907 \cdot 10^{-30}$	$5{,}23712 \cdot 10^{-31}$

La figure 6.17 présente la distribution de la densité électronique déterminée par le programme HyperChem pour la molécule dipolaire (n=1) et octupolaire (n=1). La charge est distribuée regulièrement entre les éléments de la molécule, c'est-à-dire entre les chaînes de carbone et les anneaux de benzène.

Les études des molécules des polyènes ont confirmé que le transfert de la charge, lié à sa migration le long de la chaîne des liaisons conjuguées π, a une grande influence sur les propriétés optiques non-linéaires des matériaux étudiés aux niveaux micro— et macroscopique. De plus, l'écart énergétique décroît lorsque le nombre des liaisons de carbone conjuguées π accroît (voir tableau 6.8.).

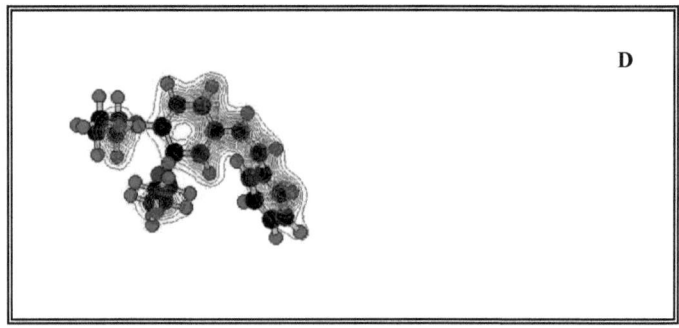

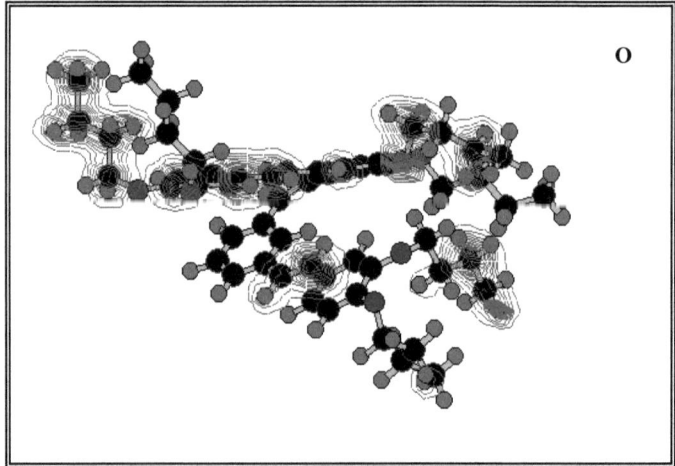

Figure 6.17. Distribution de la densité électronique obtenue à l'aide programme HyperChem pour les molécules modifiées: dipolaire (n=1) et octupolaire (n=1).

6.3. Résultats expérimentaux pour les oligothiénylènevinylènes

Dans ce chapitre nous présentons les résultats des études du mélange quatre ondes dégénéré (DFWM) pour les composés oligothiénylènevinylènes. Nous présentons leurs structures chimiques sur la figure 6.18. Les formules brutes et les dénominations systématiques de ces composés sont les suivantes: $C_{66}H_{96}S_3$ (1,3,5-tris[4-(4,5-dihexyl-2-thienyl)buta-1,3-dienyl]benzène) et $C_{60}H_{90}S_3$ (1,3,5-tris[2-(4,5-dihexyl-2-thienyl)eten-1-yl]benzène). Dans la partie suivante de ce travail elles seront désignées respectivement comme oligothiénylènevinylène **A** et oligothiénylènevinylène **B**. Les détails de la synthèse de ces matériaux ont été exposés dans le travail [102].

Les molécules des deux composés se distinguent par le nombre de liaisons de carbone conjuguées π. Les études ont eu pour le but d'expliquer si et comment le nombre des liaisons de carbone conjuguées π influe les propriétés optiques non-linéaires des oligothiénylènevinylènes. Les spectres d'absorption des oligothiénylènevinylènes étudiés dans le domaine de l'ultraviolet et de la lumière visible ont été présentés dans le travail [102]. Ces matériaux démontrent le maximum de l'absorption pour une onde de la longueur à 350 nm.

Dans la famille des oligothiénylènevinylènes, comprend des liaisons conjuguées ainsi que les anneaux thiophènes. Le thiophène est un composé aromatique qui contient 6 électrons π dans un système cyclique conjuguées d'orbitales qui se recouvrent. Chacun des quatre atomes de carbone fournit un électron π, par contre l'atome de soufre à l'hybridation sp^2 fournit deux électrons, cela donne naissance à une orbitale délocalisée à six électrons π aux circuits orbitales situés au-dessus et au-dessous du plan du noyau [105].

Pour déterminer les paramètres fondamentaux qui caractérisent les propriétés optiques non-linéaires, c'est-à-dire la susceptibilité du troisième ordre $\chi^{<3>}$ et l'hyperpolarisabilité optique du second ordre γ^*, nous avons fait les mesures du rendement du processus du mélange quatre ondes dans nos échantillons spécifiques. Les échantillons sont préparés se forme de solutions comme dans le cas des octupoles. Le solvant que nous avons utilisé pour les mesures est le THF. Ces solutions se trouvaient dans des cellules de verre d'épaisseur $d = 1$ mm.

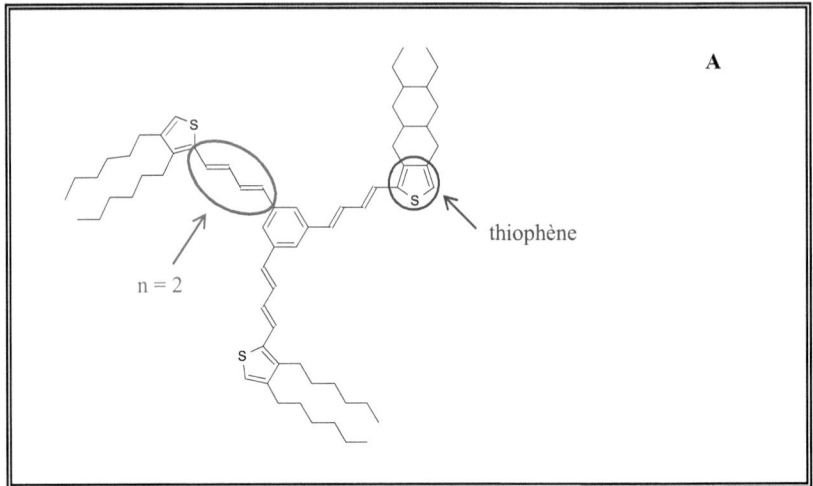

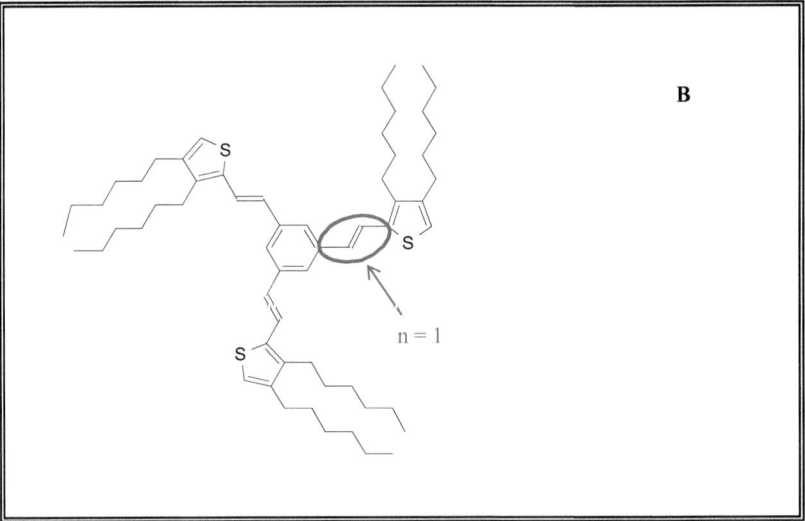

Figure 6.18. Structure chimique des oligothiénylènevinylènes aux formules brutes $C_{66}H_{96}S_3$ (oligothiénylènevinylène **A**) et $C_{60}H_{90}S_3$ (oligothiénylènevinylène **B**).

Avant les mesures qui nous intéressent, nous avons déterminé la concentration pour la quelle la réponse optique est maximale pour chaque composé (l'intensité de la quatrième onde était le plus grand). Dans ce but on a mesuré l'intensité de la quatrième onde pour les échatillons à différentes concentrations. Les différences entre les concentrations particulières étaient de 0,5 g/l.

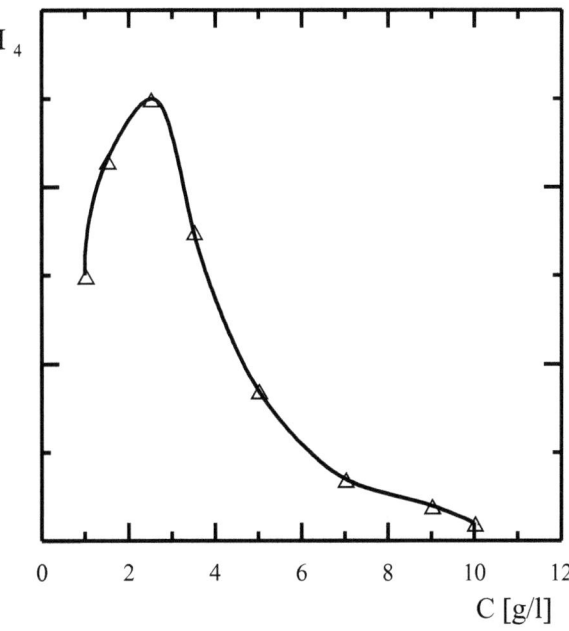

Figure 6.19. La grandeur du signal I_4 en fonction de la concentration du composé oligothiénylènevinylène $C_{60}H_{90}S_3$ (oligothiénylènevinylène B). Les mesures ont été faites pour une polarisation verticale des faisceaux incidents. La valeur optimale de la concentration déterminée $C_{opt} = 2.5$ g/l.

La figure 6.19. présenté un exemple du diagramme de I_4 en fonction de la concentration de l'échantillon. La concentration était similaire pour tous les oligothiénylènevinylènes; dans tous les cas, on a observé le maximum de l'intensité pour 2,5 g/l. Dans les études suivantes, nous avons prix cette valeur comme concentration optimale.

De même que dans les cas des composés précédents, dans le première étape du processus expérimental on a étudié l'absorption de la lumière pour les deux oligothiénylènevinylènes. La figure 6.20. présente le diagramme de la relation entre le coefficient de la transmission de la lumière et l'intensité du faisceau pompe I_1. Les points représentent les données expérimentales, chaque point correspond à la moyenne de 50 impulsions laser. La ligne continue représente la courbe théorique donnée par l'équation (1.44). En tenant compte de ces mesures, on a constaté que les matériaux étudiés montrent une absorption linéaire aussi bien que non-linéaire de la lumière. En se servant de l'expression (1.44) on a déterminé les valeurs numériques des coefficient α et β. On s'est servi de ces valeurs pour estimer les valeurs de la susceptibilité du troisième ordre pour les oligothiénylènevinylènes étudiés.

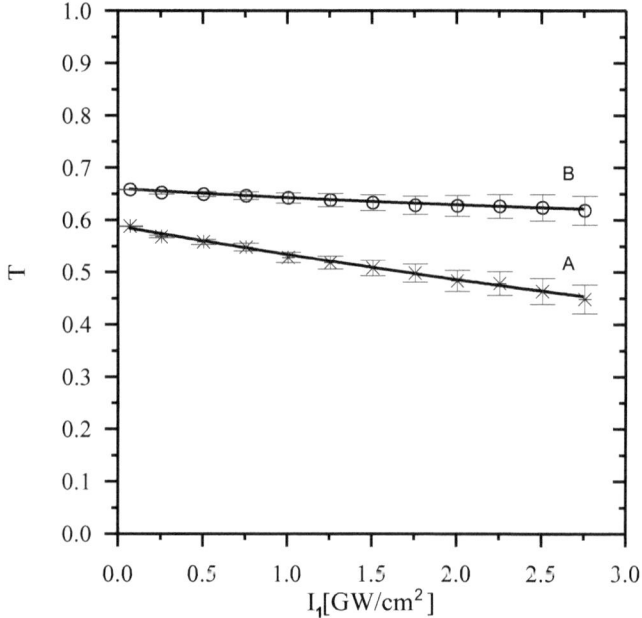

Figure 6.20. Diagramme de la relation entre le coefficient de transmission T et l'intensité de l'onde pompe I_1 pour les oligothiénylènevinylènes (**A**) et (**B**). La ligne continue représente la courbe théorique donnée par l'équation (1.44). Les points représentent les données expérimentales, chaque point correspond à la moyenne de 50 impulsions laser.

Sur les diagrammes présentés à la figure 6.20 on observe que la relation entre le coefficient de la transmission de la lumière et l'intensité I_1 est d'un caractère plus fort pour la molécule **A**. Cette différence entre les relations peut-être expliquée par le fait que dans chaque de trois chaînes de carbone dans la molécule oligothiénylènevinylène **A** il y a un liaisons conjuguée π de plus que dans la molecule oligothiénylènevinylène **B**.

La figure 6.21 présente le diagramme de la relation entre le rendement du mélange quatre ondes en fonction de l'intensité du faisceau pompe (qui est désigné à l'aide du symbole <1>) À la figure 5.3. on observe un bon ajustement des résultats expérimentaux au modèle théorique proposé qui est décrit par l'équation (2.9). En se servant de cette équation on a déterminé la valeur de la susceptibilité électrique non-linéaire du troisième ordre, et ensuite en prenant cette valeur $\chi^{<3>}$ on a calculé la valeur de l'hyperpolarisabilité optique du second ordre. Les valeurs de ces deux paramètres, et aussi les autres grandeurs physiques déterminées pour les oligothiénylènevinylènes **A** et **B**, ont été collectées dans le tableau 6.10 .

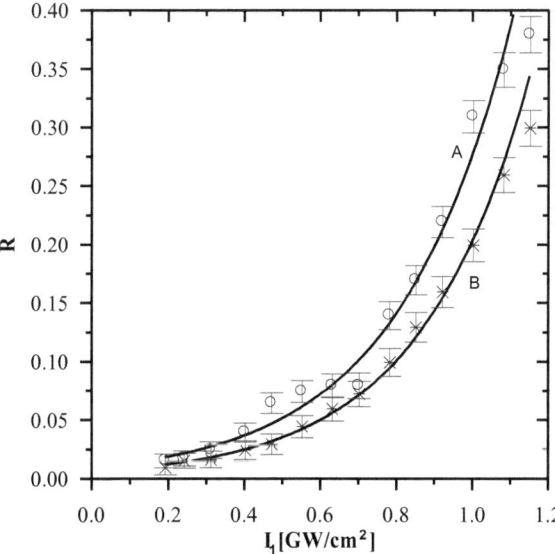

Figure 6.21. Diagramme de la relation entre le rendement du mélange quatre ondes et l'intensité du faisceau pompe <1> pour les oligothiénylènevinylènes (**A**) et (**B**), à la polarisation verticale des faisceaux incidents. La ligne continue représente la courbe théorique donnée par l'équation (2.9). Les points représentent les données expérimentales, chaque point correspond à la moyenne de 50 impulsions laser.

Partie expérimentale

Tableau 6.10. Les paramètres présentés dans le tableau: n – du nombre des liaisons conjuguées π, λ_{max} – les maximums d'absorption, M – la masse molaire du soluté, C – la concentration des molécules en solution, α – le coefficient d'absorption linéaire de la lumière, β – le coefficient d'absorption non-linéaire de la lumière, $\chi^{<3>}$ – la valeur de la susceptibilité électrique non-linéaire du troisième ordre, $\chi^{<3>}/\alpha$ – le facteur de qualité optique non-linéaire du matériau, γ^* – la valeur de l'hyperpolarisabilité optique du second ordre, γ_t^* – la valeur de l'hyperpolarisabilité optique estimée théoriquement pour les oligothiénylènevinylènes.

Molécules	n	λ_{max} [nm]	M [g]	C [g/l]	α [cm^{-1}]	β [cm·GW^{-1}]	$\chi^{<3>}$ [m^2·V^{-2}]	$\chi^{<3>}/\alpha$ [m^3·V^{-2}]	γ^* [m^5·V^{-2}]	γ_t^* [m^5·V^{-2}]
A	2	372	984,7	2,5	5,2	1,3	$3,36 \cdot 10^{-20}$	$6,46 \cdot 10^{-19}$	$1,5 \cdot 10^{-44}$	$1,1 \cdot 10^{-38}$
B	1	347	906,6	2,5	4,1	0,1	$2,24 \cdot 10^{-20}$	$5,46 \cdot 10^{-19}$	$9,5 \cdot 10^{-45}$	$1,5 \cdot 10^{-39}$

Tableau 6.11. Les valeurs théoriques de l'énergie des niveaux HOMO et LUMO pour les oligothiénylènevinylènes.

Molécules	Méthode	HOMO [eV]	LUMO [eV]	Δ_{SF}(LUMO – HOMO) [eV]
B	AM1	-7,932	-0,433	7,422
	PM3	-8,183	-0,839	
A	AM1	-7,699	-0,815	6,088
	PM3	-7,895	-1,163	

À la base des informations renfermées dans le tableau 6.10, on peut préciser la relation entre les propriétés optiques non-linéaires du troisième ordre et la structure électronique et chimique des oligothiénylènevinylènes (**A**) et (**B**). En comparant les valeurs des coefficients α et β pour les deux composés modifiés, on a constaté que les deux valeurs sont plus grandes pour l'oligothiénylènevinylène **A** où le nombre des liaisons de carbone conjuguées π est plus grand. Dans le cas de l'absorption non-linéaire la différence est d'un ordre de grandeur. Les valeurs de la susceptibilité électrique non-linéaire du troisième et l'hyperpolarisabilité optique estimées pour la molécule **A** sont 1.5 fois plus grandes que pour la molécule **B**. Pour les deux oligo-thiénylènovinylèneson a calculé la valeur de l'énergie des niveaux HOMO et LUMO à l'aide programme HyperChem. Ces valeurs ont été rassemblées dans le tableau 6.11. L'écart énergétique déterminé pour la molécule **A** est de 1,33 eV plus petit que celui qui a été déterminée pour la molécule **B**. On peut déduire des résultats obtenus que l'adjonction d'une liaison conjuguée π à toutes les trois chaînes de carbone, entraîne une diminution relativement grand de l'écart énergétique.

Nous nous sommes servis du programme HyperChem aussi pour déterminer les grandeurs des moments dipolaires pour les deux oligothiénylènevinylènes. Les valeurs des moments dipolaires calculées ont été collecteées dans le tableau 6.12. Les symboles *x*, *y*, *z*, employés dans ce tableau, désignent les valeurs des moments dipolaires déterminées pour l'axe donnée du système des coordonnées:

(g) — l'état fondamental (ang. „ground state");

(e) — le premier état excité;

(h) — l'état excité suivant;

μ(e $\rightarrow$ g) — le changement du moment dipolaire dont la valeur est la différence entre le premier état excité (e) et l'état fondamental (g);

μ(e $\rightarrow$ h) — le changement du moment dipolaire dont la valeur est la différence entre le premier état excité (e) et l'état excité suivant (h);

Les valeurs des moments dipolaires calculées à l'aide du programme HyperChem ne dépassent pas les limites de 7, 3105 · 10^{-32} [C · m] à 2.82244 · 10^{-29} [C ·

m]. Les valeurs des moments dipolaires calculées ont été utilisées pour calculer la valeur théorique de l'hyperpolarisabilité optique du second ordre.

Tableau 6.12. Valeurs des moments dipolaires à l'état fondamental et excité pour les oligothiénylènevinylènes modifiés **A** et **B**, calculées dans le programme HyperChem.

Molécules	A	B
μ_x (g) [C · m]	$0.83137 \cdot 10^{-32}$	$2.6217 \cdot 10^{-31}$
μ_y (g) [C · m]	$-2.20479 \cdot 10^{-31}$	$-7.3105 \cdot 10^{-32}$
μ_z (g) [C · m]	$4.82455 \cdot 10^{-31}$	$1.17724 \cdot 10^{-30}$
μ_x (e) [C · m]	$-2.73417 \cdot 10^{-32}$	$5.39077 \cdot 10^{-31}$
μ_y (e) [C · m]	$6.4953 \cdot 10^{-30}$	$1.41294 \cdot 10^{-29}$
μ_z (e) [C · m]	$4.38281 \cdot 10^{-30}$	$3.65874 \cdot 10^{-30}$
μ_x (h) [C · m]	$2.82244 \cdot 10^{-29}$	$5.87652 \cdot 10^{-30}$
μ_y (h) [C · m]	$1.2265 \cdot 10^{-30}$	$9.977 \cdot 10^{-30}$
μ_z (h) [C · m]	$4.07876 \cdot 10^{-30}$	$7.83736 \cdot 10^{-30}$
μ_x (e→g) [C · m]	$-1.25655 \cdot 10^{-31}$	$2.76907 \cdot 10^{-31}$
μ_y (e→g) [C · m]	$6.71577 \cdot 10^{-30}$	$1.42025 \cdot 10^{-29}$
μ_z (e→g) [C · m]	$3.90036 \cdot 10^{-30}$	$2.4815 \cdot 10^{-30}$
μ_x (e→h) [C · m]	$-2.82511 \cdot 10^{-29}$	$-5.33744 \cdot 10^{-30}$
μ_y (e→h) [C · m]	$5.2688 \cdot 10^{-30}$	$4.15244 \cdot 10^{-30}$
μ_z (e→h) [C · m]	$3.04055 \cdot 10^{-31}$	$-4.17862 \cdot 10^{-30}$

Dans les calculs nous avons pris en compte que les valeurs des moments dipolaires dans la direction de l'axe x, car nous n'avons déterminé la valeur expérimentale γ^* que pour la polarisation verticale (**xxx**). Ensuite en utilisant le programme Hyper Chem, nous avons déterminé la distribution de la densité de la charge pour les deux oligothiénylènevinylènes modifiés. On observe sur la figure 6.22. que la charge est distribuée disproportionnellement sur toute la molécule avec une claire tendance à s'accumuler le long de la chaîne de carbone conjuguée π. On peut en déduire que les propriétés optiques non-linéaires du troisième ordre des oligothiénylènevinylènes étudiés résultent avant tout de la présence des liaisons de carbone conjuguées π dans leurs molécules.

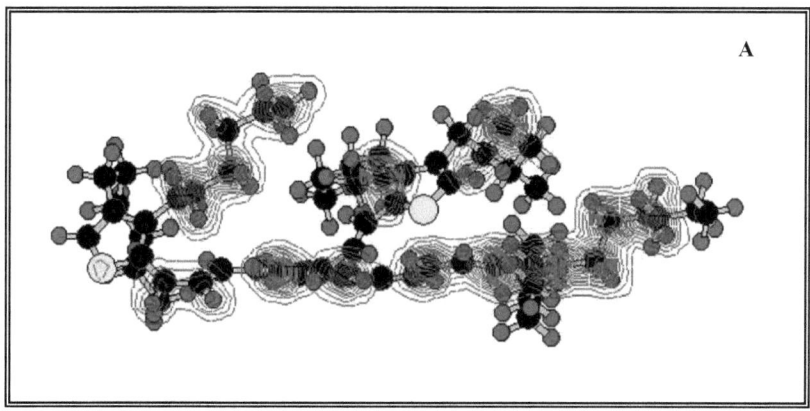

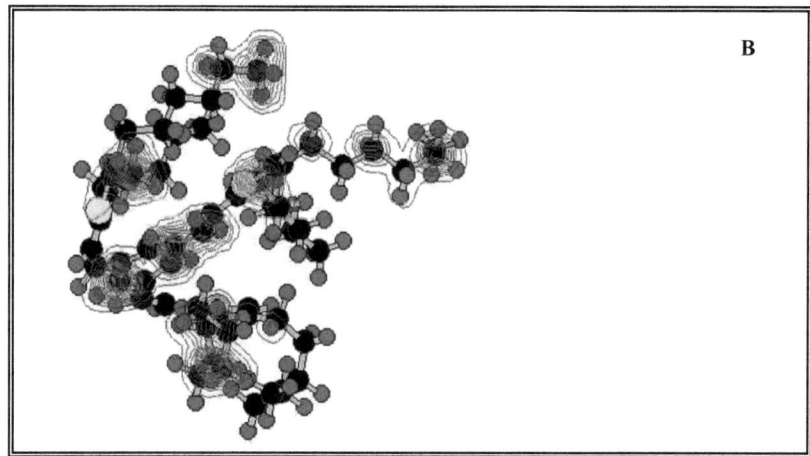

Figure 6.22. Distribution de la densité électronique dans les oligothiénylènevinylènes tudiés **A** et **B** qui a été déterminé par le programme Hyper Chem.

La famille suivante des composés étudiés appartiennent à la famille des oligo-2,5-thiénylènevinylènes. La structure chimique de ces matériaux et aussi leur spectres UV ont été présentés à la figure respectivement: 6.23. et 6.24. On a étudié trois composés de cette famille aux formules brutes suivantes: $C_{42}H_{62}S_2$, $C_{114}H_{174}S_6$, $C_{252}H_{366}N_3O_6P_3S_{12}$. Dans la partie suivante de ce travail ces composés seront désignés respectivement comme oligothiénylènevinylènes: **C**, **D** et **E**. La sythèse de ces trois matériaux a été décrite dans le travail [102]. Les études ont eu pour but de trouver une où plusieurs relation entre les propriétés optiques non-linéaires du troisième ordre de la molécule et le nombre des chaînes latérales jointes à l'anneau central. Le nombre de ces chaîne, désigné avec la lettre "n" est lié au nombre des liaisons de carbone conjuguées π dans la chaîne vinylène.

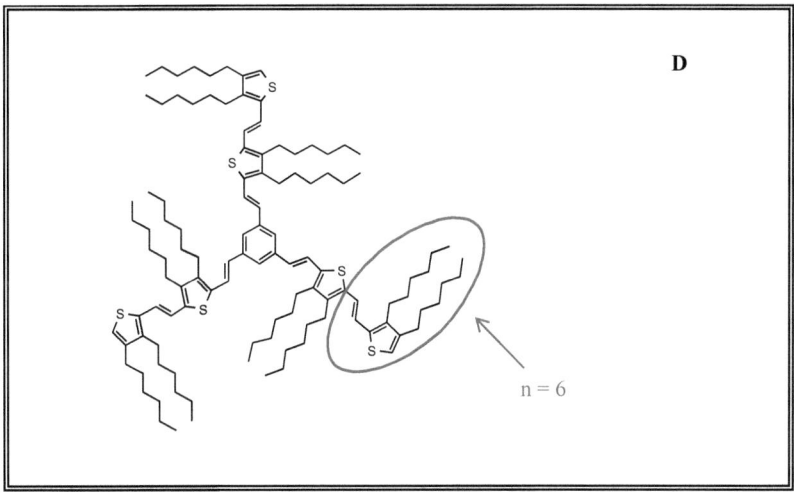

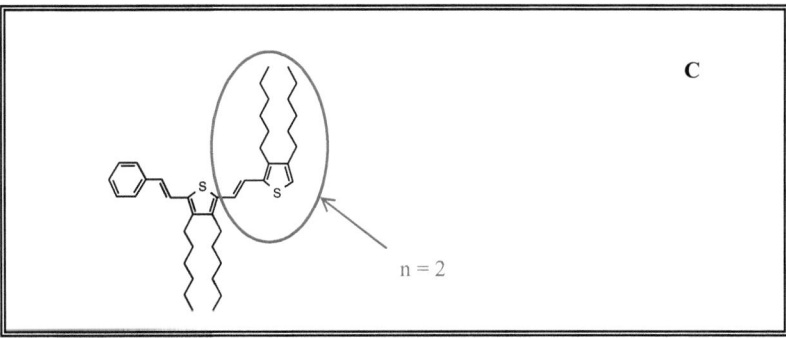

Figure 6.23. Structure chimiques des oligo—2,5- thiénylènevinylènes: $C_{252}H_{366}N_3O_6P_3S_{12}$ (**E** — n=12), $C_{114}H_{174}S_6$ (**D** — n=6), $C_{42}H_{62}S_2$ (**C** — n=2). La lettre „n" désigne le nombre des liaisons de carbone conjuguées π dans la chaîne vinylène.

Les oligothiénylènevinylènes étudiés démontrent le maximum de l'absorption pour une longueur d'onde plus petite que 532 nm, c'est-à-dire que la longueur d'onde du rayonnement laser utilisé pendant l'expérience. Les échantillons préparés pour les mesures étaient sous forme de solution du composé examiné dans le THF. Ces solutions se trouvaient dans les cuves de verre d'épaisseur $d = 1$ mm.

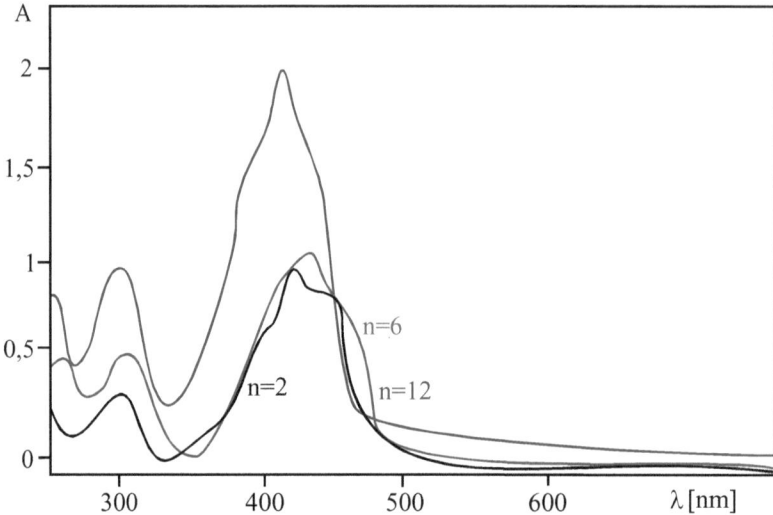

Figure 6.24. Spectres d'absorption de la lumière des oligo-2,5-thiénylènevinylènes qui ont été déterminé en suivant la méthode spectrométrique. La lettre „n" désigne le nombre des liaisons de carbone conjuguées π dans la chaîne vinylène.

De même que dans les cas des composés précédents, dans la première étape des expériences on a mesuré la transmission T en fonction de l'intensité du faisceau pompe I_1. Puisque la relation déterminée a un caractère non-linéaire, on a utilisé le composé (1.44) pour tracer la courbe théorique. Les relations obtenues ont été présentées à la figure 6.25. Chaque point correspond à la moyenne de 50 impulsions laser. La ligne continue représente la courbe théorique. La relation (1.44) nous a servi pour déterminer les coefficients d'absorption linéaire et non-linéaire de la lumière pour toutes les molécules. Les valeurs des coefficients calculées ont été collectées dans le tableau 6.13. La différence entre la valeur du coefficient d'absorption linéaire de la lumière pour la molécule **E** (n = 12) et **C** (n = 2) est presque double, et les coefficients de l'absorption non-linéaire diffèrent de 17 fois. Il en résulte que l'accroissement du nombre des chaînes latérales (y compris le groupement thiophène) jointes à l'anneau central entraîne une augmentation remarquable de la capacité d'absorption non-linéaires ces composés.

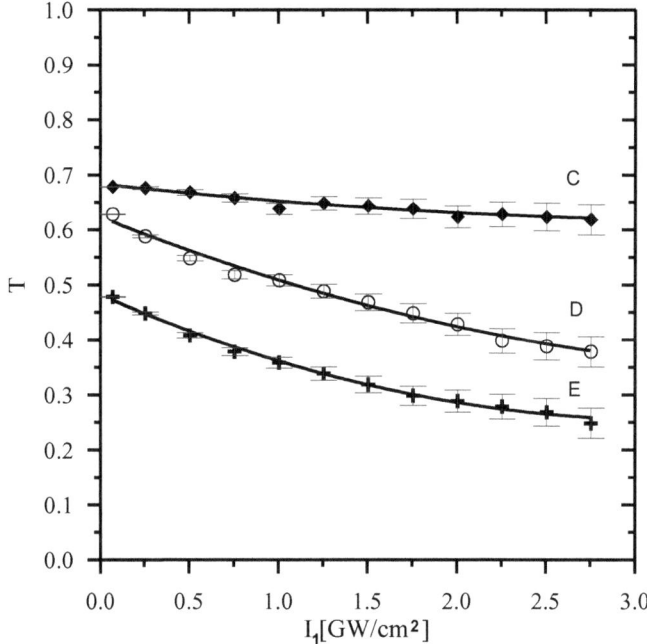

Figure 6.25. Diagramme de la relation entre le coefficient de transmission T et l'intensité de l'onde pompe I_1 pour les oligo-2,5-thiénylènevinylènes: $C_{42}H_{62}S_2$ (**C** — n=2), $C_{114}H_{174}S_6$ (**D** — n=6), $C_{252}H_{366}N_3O_6P_3S_{12}$ (**E** — n=12). La ligne continue représente la courbe théorique donnée par l'équation (1.44). Chaque point correspond à la moyenne de 50 impulsions laser.

Les molécules **D** et **E**, qui possèdent une structure chimique plus développée, démontrent l'existence d'une relation plus non linéaire forte entre la transmission et l'intensité du faisceau pompe que pour la transmission de la molécule **C** dont la structure est la plus simple de toute la famille. Ensuite, nous avons effectué la mesure du rendement du mélange quatre ondes en fonction de l'intensité du faisceau pompe. Les résultats ont été présentes sur la figure 6.26. Chaque point correspond à la moyenne de 50 impulsions laser. La ligne continue représente la courbe théorique donnée par l'équation (2.9). À l'aide des courbes théoriques on a estimé la valeur de la susceptibilité du troisième ordre $\chi^{<3>}$ pour les oligothiénylènevinylènes étudiés. Lorsque l'intensite de faisceau pompe accroît, on observe aussi l'accroissement du rendement du mélange quatre ondes qui est beaucoup plus vite pour les molécules **D** et **E** que pour la molécule C.

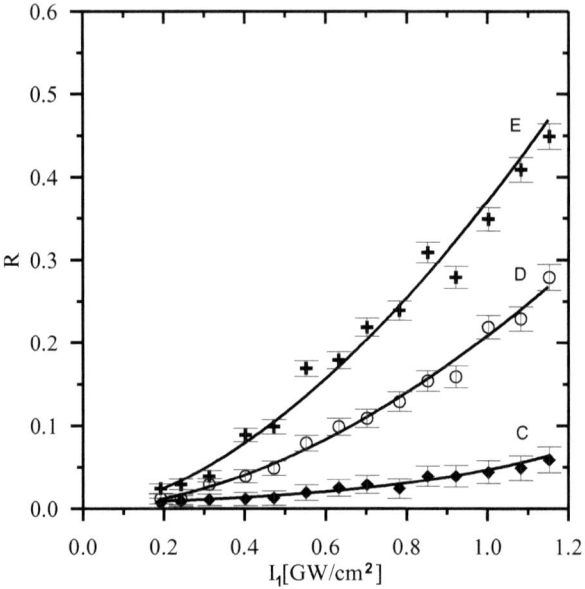

Figure 6.26. Diagramme de la relation entre le rendement du mélange quatre ondes et l'intensité du faisceau pompe <1> pour les oligo-2,5-thiénylènevinylènes: $C_{42}H_{62}S_2$ (**C** — n=2), $C_{114}H_{174}S_6$ (**D** — n=6), $C_{252}H_{366}N_3O_6P_3S_{12}$ (**E** — n=12), à la polarisation verticale des faisceaux pompes. La ligne continue représente la courbe théorique donnée par l'équation (2.15). Chaque point correspond à la moyenne de 50 impulsions laser.

La valeur de la susceptibilité du troisième ordre estimée est plus grande pour l'oligothiénylènevinylène (**E**), qui possède 12 chaînes latérales jointes à l'anneau central, que pour les matériaux **D** et **C**, pour lesquels le nombre des chaînes latérales est respectivement de 6 et 2. Aussi le facteur de la qualité optique non-linéaire calculé est plus grand que pour la molécule **E**. Les valeurs physiques déterminées pour les oligothiénylènevinylènes **C**, **D** et **E** ont été collectées dans le tableau 6.13.

Partie expérimentale

Tableau 6.13. Les paramètres présentés dans le tableau: n – du nombre des liaisons de carbone conjuguées π dans la chaîne vinylène, λ_{max} – les maximums d'absorption, M – la masse molaire du soluté, C – la concentration des molécules en solution, α – le coefficient d'absorption linéaire de la lumière, β – le coefficient d'absorption non-linéaire de la lumière, $\chi^{<3>}$ – la valeur de la susceptibilité électrique non-linéaire du troisième ordre, $\chi^{<3>}/\alpha$ – le facteur de qualité optique non-linéaire du matériau, γ^* – la valeur de l'hyperpolarisabilité optique du second ordre, γ^*_t – la valeur de l'hyperpolarisabilité optique estimée théoriquement.

Molécules	n	λ_{max} [nm]	M [g]	C [g/l]	α [cm^{-1}]	β [cm·GW^{-1}]	$\chi^{<3>}$ [m^2·V^{-2}]	$\chi^{<3>}/\alpha$ [m^3·V^{-2}]	γ^* [m^5·V^{-2}]	γ^*_t [m^5·V^{-2}]
E	12	402	4007.4	2.5	7.1	5.2	$6.6 \cdot 10^{-20}$	$9.3 \cdot 10^{-19}$	$1.2 \cdot 10^{-43}$	$1.9 \cdot 10^{-37}$
D	6	436	1735.2	2.5	4.6	3.1	$3.6 \cdot 10^{-20}$	$7.9 \cdot 10^{-19}$	$2.9 \cdot 10^{-44}$	$4.1 \cdot 10^{-38}$
C	2	415	528.4	2.5	3.9	0.3	$1.4 \cdot 10^{-20}$	$3.6 \cdot 10^{-19}$	$3.4 \cdot 10^{-45}$	$2.1 \cdot 10^{-39}$

Tableau 6.14. Les valeurs théoriques de l'énergie des niveaux HOMO et LUMO pour les oligo-2,5-thiénylènevinylènes.

Molécules	Méthode	HOMO [eV]	LUMO [eV]	Δ_{sf} (LUMO - HOMO) [eV]
E	AM1	-13,9456	-14,1219	0,2327
	PM3	-13,9600	-14,2491	
D	AM1	-7,778	-0,856	6,802
	PM3	-7,926	-1,243	
C	AM1	-7,867	-0,791	7,002
	PM3	-7,799	-0,871	

On a calculé les valeurs de l'énergie des niveaux HOMO et LUMO en se servant de HyperChem. Cela nous a permis de calculer la grandeur de l'écart énergétique dans les oligothiénylènevinylènes étudiés. La valeur de l'écart énergétique déterminé pour l'oligo-thiénylènovinylène **E** est environ 30 fois plus petite que celle déterminée pour les oligothiénylènevinylènes **C** et **D**. La valeur de l'écart énergétique pour la molécule **D** est seulement un peu plus petite que pour la molécule **C**. Alors l'influence du nombre des chaînes latérales sur la valeur de l'écart énergétique est très bien visible.

Nous nous sommes servis du programme HyperChem aussi pour déterminer les grandeurs des moments dipolaires pour les oligothiénylènevinylènes **C**, **D** et **E**. Les valeurs des moments dipolaires calculées ont été collectées dans le tableau 6.15. Les symboles x, y, z employés dans ce tableau, désignent les valeurs des moments dipolaires déterminées pour un axe donnée du système de coordonnées:

(g) — l'état fondamental (ang. „ground state");

(e) — le premier état excité;

(h) — l'état excité suivant;

μ(e → g) — le changement du moment dipolaire dont la valeur est la différence entre le premier état excité (e) et l'état fondamental (g);

μ(e → h) — le changement du moment dipolaire dont la valeur est la différence entre le premier état excité (e) et l'état excité suivant (h);

Les valeurs des moments dipolaires calculées dans le programme HyperChem ne dépassent pas les limites de $6.98667 \cdot 10^{-31}$ [C· m] à $1.20592 \cdot 10^{-29}$ [C · m]. Les valeurs des moments dipolaires calculées ont été utilisées pour calculer la valeur l'hyperpolarisabilité optique pour les oligothiénylènevinylènes **C**, **D** et **E**. Les valeurs γ_t^* ont été rassemblés dans le tableau 6.13. De même que dans le cas précédent, on n'a pris en compte que les valeurs des moments dipolaires dans la direction de l'axe x, car la valeur expérimentale de l'hyperpolarisabilité optique du second ordre n'a été déterminée que pour la polarisation verticale du faisceau incident.

Tableau 6.15. Valeurs des moments dipolaires à l'état fondamental et excité pour les oligothiénylène-vinylènes modifiés **C**, **D** et **E** calculées dans le programme HyperChem.

Molécules	C	D	E
μ_x (g) [C· m]	$1.04926 \cdot 10^{-30}$	$-1.5736 \cdot 10^{-30}$	$-4.7208 \cdot 10^{-30}$
μ_y (g) [C· m]	$3.62423 \cdot 10^{-31}$	$-1.1726 \cdot 10^{-30}$	$-3.5178 \cdot 10^{-30}$
μ_z (g) [C· m]	$3.37214 \cdot 10^{-31}$	$2.32889 \cdot 10^{-31}$	$6.98667 \cdot 10^{-31}$
μ_x (e) [C· m]	$1.99585 \cdot 10^{-29}$	$7.1959 \cdot 10^{-30}$	$2.15877 \cdot 10^{-29}$
μ_y (e) [C· m]	$5.61687 \cdot 10^{-30}$	$1.20592 \cdot 10^{-29}$	$3.61777 \cdot 10^{-29}$
μ_z (e) [C· m]	$4.10048 \cdot 10^{-30}$	$-2.9473 \cdot 10^{-30}$	$-8.8418 \cdot 10^{-30}$
μ_x (h) [C· m]	$-1.61762 \cdot 10^{-30}$	$-1.5049 \cdot 10^{-29}$	$-4.5148 \cdot 10^{-29}$
μ_y (h) [C· m]	$-5.40822 \cdot 10^{-31}$	$2.40923 \cdot 10^{-29}$	$7.22768 \cdot 10^{-29}$
μ_z (h) [C· m]	$-6.41657 \cdot 10^{-31}$	$2.69538 \cdot 10^{-30}$	$8.08615 \cdot 10^{-30}$
μ_x (e→g) [C· m]	$1.89092 \cdot 10^{-29}$	$8.7695 \cdot 10^{-30}$	$2.63085 \cdot 10^{-29}$
μ_y (e→g) [C· m]	$5.25445 \cdot 10^{-30}$	$1.32318 \cdot 10^{-29}$	$3.96955 \cdot 10^{-29}$
μ_z (e→g) [C· m]	$3.76326 \cdot 10^{-30}$	$-3.1802 \cdot 10^{-30}$	$-9.5405 \cdot 10^{-30}$
μ_x (e→h) [C· m]	$2.15761 \cdot 10^{-29}$	$2.22453 \cdot 10^{-29}$	$6.67358 \cdot 10^{-29}$
μ_y (e→h) [C· m]	$6.15769 \cdot 10^{-30}$	$-1.2033 \cdot 10^{-29}$	$-3.6099 \cdot 10^{-29}$
μ_z (e→h) [C· m]	$4.74213 \cdot 10^{-30}$	$-5.6427 \cdot 10^{-30}$	$-1.6928 \cdot 10^{-29}$

La valeur de l'hyperpolarisabilité optique pour la molécule **E** est de deux ordre de grandeur plus élevée que pour la molécule **D** et deux ordres de grandeurs plus élevée que pour la molécule **C**. Dans ce cas il existe aussi une corrélation entre le nombre des chaînes latérales jointes à l'anneau central et, par conséquent, entre le nombre des liaisons conjuguées π et la valeur du coefficient γ_i^*.

On a utilisé le programme HyperChem pour déterminer la densité électronique pour les oligothiénylènevinylènes étudiés **C**, **D** et **E**. Les distributions de la densité électrique ont été présentées sur la figure 6.27.

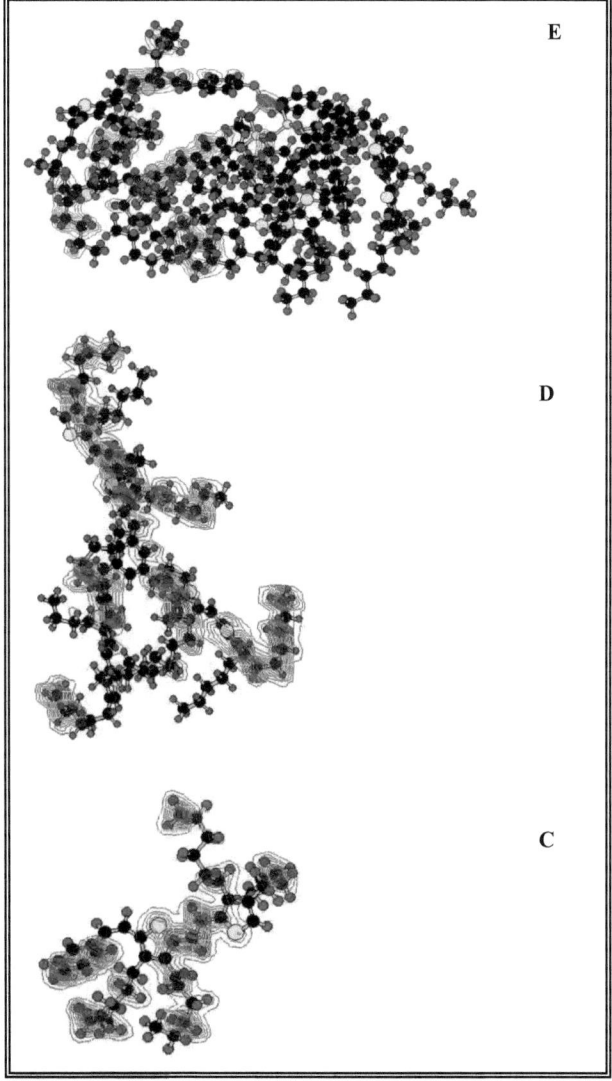

Figure 6.27. Distribution de la densité électronique pour les oligothiénylènevinylènes étudiés **C**, **D** et **E** qui a été déterminé à l'aide du programme HyperChem.

Le gradient spatial de la distribution de la charge montre l'hétérogénéité dans le nuage électronique. Cela est favorable au phénomène du transfert de la charge (ang. charge — transfer).

Les valeurs des coefficients optiques non-linéaires obtenues pour toute la famille des oligothiénylènevinylènes (**A** - **E**), montrent que les propriétés optiques non-linéaires de cette famille sont déterminées par la présence des liaisons conjuguées π dans les chaînes de carbone et des structures aromatiques. On a observé les plus petites valeurs des coefficients α, β, $\chi^{<3>}$ et γ^* pour la molécule **C**, dont la structure chimique est la plus simple qui ne contient que deux liaisons conjuguées π. L'oligothiénylènevinylène **E** est un matériau qui possède les meilleures propriétés optiques non-linéaires et par conséquent les plus grandes valeurs des coefficients optiques non-linéaires α, β, $\chi^{<3>}$ et γ^*. Dans la molécule **E** la valeur de l'écart énergétique est plus faible que dans les cas des autres matériaux (0,233 eV). La valeur γ_t^* estimée pour l'oligothiénylènevinylène est d'un ordre de grandeur plus élevée que pour les molécules **A** et **D** et de deux ordres de grandeur que pour les molécules **B** et **C**.

Conclusion

Le développement technologique dépend de plus en plus des matériaux ainsi que de leurs possible applications, de la connaissance de leurs structures chimique et de la capacité de les intégrer dans des processus technologiques, et aussi du savoir faire. Il faut tenir compte de la production de masse et des exigences du marché, il est plus que nécessaire d'élargir le savoir concernant les matériaux et surtout les nouveaux matériaux et leurs applications appliques pour la formation consciente des elementas de leur structure de plus en plus petits. Jusqu'à présent il a été possible de réduire les dimensions des éléments électroniques, du circuit intégré et des conducteurs chaînes les reliant. Les méthodes actuelles semblent atteindre leurs limites — les dimensions minimales des éléments s'approchent de la résolution des instruments optiques utilisés pour restituer le modèle d'un circuit sur un masque photosensible. La limite de 1 micromètre franchie, les dimensions descendent vers 0,1 micromètre (100 nm). La technologie entre ainsi dans un domaine qu'il conviendrait d'appeler la nanotechnologie. La miniaturisation plus importante exige cependant des techniques nouvelles. Cette thèse fait partie d'un courant d'études consacrées à la recherche de nouveaux matériaux d'un bon rendement, qui sont utiles pour les applications en optiques et optoéléctroniques [103, 104, 105]. Les composés organiques, qui démontrent une grande susceptibilité optique non-linéaire et qui sont flexible, occupent une place importante dans cette recherche. Les études et les calculs théoriques présentés dans cette thèse concernent trois familles de matériaux organiques. On les a choisi en appliquant les critères basé sur leurs diversités des liaisons, de la configuration des molécules et des grands rendements des processus d'enregistrement et de la lecture de l'information optique. Au cours de ce travail, nous avons cherché à étudiés de nouveaux systèmes conjugués en vue d'applications en optique et/ou en optoélectronique. Comme nous l'avons mentionés ci-dessus trois séries de systèmes conjugués ont été étudiés à savoir : composés dipolaires et octupolaires, les C_{60} modifiés et les oligothiénylènevinylènes. Le but général de ce travail était de définir la relation entre les propriétés optiques non-linéaires des composés organiques examinés et leur structure chimique et électronique. C'est pourquoi on a déterminé les valeurs des coefficients de l'absorption linéaire et non-linéaire de la lumière, de la susceptibilité du troisième ordre et de l'hyperpolarisabilité optique du second ordre pour les composés considérés individuellement. Grâce à cela on a pu définir la relation entre la structure moléculaire et l'activité optique non-linéaire des composés étudiés. Tous les composés examinés absorbent le rayonnement lumineux à la longueur de 532 nm, pourtant ils démontrent les maximums de l'absorption pour une autre longueur d'onde. D'abord, on a étudié les fullerènes modifiés **F1** (3-méthylothio-6,7-dipenthylothiofulvalenylo-2-thio)acétate 1-cyclopenthylo-3,4-fullerène), **F2** (3- méthylothio-6,7-dipenthylothiofulvalenylo-2-thio) 11-undekanian 1-cyclopenthylo-3,4- fullerène), **F3** (le fullerène formé par suite de la cyclo-addition du groupe 2-thioxo-1,3-dithiole) et **F4** (ce fullerène est modifié par le greffage du tetratiofulvalène TTF). Le but des études de ces matériaux etait de définir l'influence de la modification du fullerène par l'adjonction du groupe donneur du tetratiofulvalène TTF sur leurs propriétés optiques non-linéaires (les fullerènes **F3** et **F4**). On a aussi examiné l'influence de la distance entre la partie accepteur (la structure du fullerène) et le groupe donneur TTF (les fullerènes **F1** et **F2**). Les fullerènes modifiés **F1** et **F2** diffèrent par le nombre des liaisons de carbone saturées dans la chaîne latérale qui unit le groupe TTF à la structure du fullerène. Dans la molécule du **F1** dans cette chaîne, il existe une liaison saturée, par contre dans le composé **F2** il existe une chaîne de dix liaisons. Les résultats des études prouvent que lorsque la distance entre le groupe donneur (TTF) et le groupe accepteur (le fullerène) accroît, la valeur de la susceptibilité du troisième ordre et de l'hyperpolarisabilité optique accroissent aussi. La séparation de la composante électronique et de la composante moléculaire du tenseur de la susceptibilité électrique non-linéaire a permis de constater que l'accroissement des valeurs des coefficients optiques non-linéaires est avant tout le résultat du transfert de la charge entre la partie accepteur et la partie donneur de la molécule. Le diminution de l'écart énergétique est aussi la conséquence de l'accroissement de la distance entre la structure du fullerène et le groupe TTF par la chaîne des liaisons de carbone saturées. Dans le cas des fullerènes **F3** et **F4** on a étudié l'influence de l'accroissement des dimensions de la molécule, par l'adjonction du groupe TTF, sur les propriétés optiques non-linéaires du troisième ordre. Il s'est avéré que dans le cas de ces deux fullerènes modifiés la différence des valeurs du coefficient de l'absorption linéaire α n'est pas grande, cependant les coefficients de l'absorption non-linéaire de la lumière β pour les deux composés diffèrent de deux fois. Il s'en suit que, dans le cas de ces fullerènes, la valeur de la susceptibilité trois d'ordre est sous l'influence avant tout de l'absorption biphotonique qui a remarquablement augmenté apres avoir joint le groupe TTF au fullerène (**F4**) L'adjonction du groupe TTF a aussi entraîné le diminution de l'écart énergétique de 0,57 eV.

Nos etudes théorique et expérimentales ont montré que il suffit de grefter une chaîne latèrale du groupe donneur pour améliorer les propiétés optiques non-linéaires des fullerènes au niveau micro— et macroscopique. Cet effet est lié au sextet des électrons délocalisés π qui sont présents dans l'anneau aromatique du thiophène. Les propriétés optiques non-linéaire sont encore améliorées par l'accroissement de la distance entre la structure du fullerène et le groupe donneur TTF en conséquence du greffage de la chaîne des liaisons de carbone saturées.

Le deuxième groupe suivant des mateériaux étudiés est constitués de molécules octupolaires et dipolaires. Ces matériaux ont subi des modification par le changement du nombre des liaisons de carbone conjuguées π (le nombre des liaisons conjuguées est désigné dans ce travail par la lettre "n"). D'abord, cela entraîne l'allongement de la chaîne moléculaire, ensuite l'accroissement des dimensions de la molécule. De plus, le système conjugué des liaisons de carbone est un porteur potentiel de charge et il permet la migration le long de la chaîne. Lorsque le nombre des liaisons de carbone conjuguées augmente dans la molécule, la valeur du coefficient de l'absorption linéaire de la lumière pour les matériaux octupolaires et pour les molécules dipolaires accroît aussi. De même l'accroissemente des valeurs de la susceptibilité du troisième ordre et hyperpolarisabilité optique est dû à l'augmentation du nombre des liaisons de carbone π. On suppose qu'une telle situation est provoquée par l'accroissement de l'effet du transfert de la charge (ang. charge —transfer) qui résulte de l'allongement de la chaîne des liaisons de carbone conjuguées. Les résultats obtenus montrent que le décroissement de la valeur de l'écart énergétique est du à l'accroissement du nombre des liaisons conjuguees π dans les molécules dipolaires et octupolaires. Par exemple, pour les molécules dipolaires à n=1 et n=3 la différence de l'écart énergétique est de 1,34 eV, cependant pour les molécules octupolaires à n=1 et n=3 cette difference est de 2,15 eV. Cela confirme la conclusion antérieure que le modification de la structure électronique par l'adjonction des liaisons de carbone conjugueés aux molécules entraîne l'accroissement de l'intensité du phénomène de transfert de la charge et par conséquent, le décroissement de l'écart énergétique.

Les oligothiénylènevinylènes constituent le dernier groupe des matériaux qu'on a étudié. Pour les études on a choisi cinq molécules de cette famille et on les a désignées comme **A** (1,3,5-tris[4-(4,5-dihexyl-2-thienyl)buta-1,3-dienyl]benzène), **B** ($C_{60}H_{90}S_3$ (1,3,5-tris[2-(4,5-dihexyl-2-thienyl)eten-1-yl]benzène), **C** ($C_{42}H_{62}S_2$), **D** ($C_{114}H_{174}S_6$), **E** ($C_{252}H_{366}N_3O_6P_3S_{12}$),. Les études des composés **A** et **B** ont eu pour but d'expliquer si et comment le nombre des liaisons de carbone conjuguées π influence les valeurs optiques non-linéaires des oligothiénylènevinylènes. En comparant les valeurs des coefficients α et β pour les deux composés modifiés, on a constaté que les deux valeurs sont plus grandes pour l' oligothiénylènevinylène **A** où le nombre des liaisons de carbone conjuguées π est plus grande. Dans le cas de l'absorption non-linéaire de la lumière les coefficients relatifs diffèrent d'un ordre de grandeur. La valeur de la susceptibilité triosième ordre et de l'hyperpolarisabilité optique estimée pour la molécule **A** sont 1.5 fois plus grand que pour la molécule **B**. L'écart énergétique pour la molécule **A** est de 1,33 eV plus petit que pour la molécule **B**. L'adjonction d'une liaison conjuguée π à chacune de trois chaînes de carbone entraîne le décroissement de l'écart énergétique relativement grand.

Les études faites pour les oligothiénylènevinylènes **C**, **D** et **E**, ont eu pour but d'analyser la relation entre les propriétés optiques non-linéaires du troisième ordre de la molécule et le nombre des chaînes latérales jointes à l'anneau central. Le nombre de ces chaînes, désigné à l'aide de la lettre "n", est connecté au nombre des liaisons de carbone conjuguées π dans la chaîne de vinylène La valeur de la susceptibilité troisième ordre estimée est plus grande pour l'oligothiénylènevinylène **E**, qui possède 12 chaînes latérales jointes à l'anneau central, que pour les matériaux **D** et **C**, qui possèdent respectivement 6 et 2 chaînes latérales. Aussi le facteur de la densité optique non-linéaire calculé est le plus grand pour la molécule **E**. La valeur de l'écart énergétique pour l'oligothiénylènevinylène **E** est environ 30 fois plus petite que pour les oligothiénylènevinylènes **C** et **D**, mais la valeur de l'écart énergétique pour pour la molécule **D** est seulement un peu plus petite que pour la molecule **C**. Donc, l'influence du nombre des chaînes latérales sur la valeur de l'écart énergétique est bien visible. Les valeurs des coefficients optiques non-linéaires obtenues pour toute la famille des oligothiénylènevinylènes (**A** — **E**), démontrent que les propiétés optiques non-linéaires sont déterminées par la présence des liaisons conjuguées π dans les chaînes de carbone et des structures aromatiques. Les plus petites valeurs des coefficients α, β, $\chi^{<3>}$ et γ^* ont été observées pour la molécule **C**, dont la structure chimique est la plus simple et elle ne contient que deux liaisons conjuguées π. Le matériau qui démontre les meilleures propriétés optiques non-linéaires, et, par conséquent, les plus grandes valeurs des coefficients optiques non-linéaires α, β, $\chi^{<3>}$ et γ^* est l'oligothiénylènevinylène **E**. Dans la molécule **E** la valeur de l'écart énergétique est décidément plus petite que dans les cas des autres matériaux (0,233 eV). La valeur γ_t^* estimée pour cet oligothiénylènevinylène, est d'un ordre de grandeur plus élevée que pour les molécules **A** et **D**, et de deux ordres de grandeur plus élevée que pour les molécules **B** et **C**.

D'après les résultats des études obtenues on observe que le fullerène **F2** et l'oligothiénylènevinylène **E** démontrent les meilleures propriétés optiques non-linéaires. Ces matériaux démontrent l'absorption monophotonique, représentée par le coefficient de l'absorption linéaire de la lumière et dans les deux cas il est égal à $\alpha \approx 7$ [cm^{-1}], aussi bien que l'absorption non-linéaire qui, dans les deux cas est égale à environ 5 [cm · GW^{-1}]. La valeur de la susceptibilité du troisième ordre calculée pour ces composés est beaucoup plus grande que pour les autres matériaux étudiés. Pour le fullerène **F2** elle est égale à $\chi^{<3>} = 7,4 \cdot 10^{-20}$ [m^2 · V^{-2}], pour l'oligothiénylènevinylène **E** $\chi^{<3>} = 6,6 \cdot 10^{-20}$ [m^2 · V^{-2}]. La valeur de l'hyperpolarisabilité optique est décidément la plus grande pour la molécule **E** $\gamma^* = 1,2 \cdot 10^{-20}$ [m^5 · V^{-2}]. La valeur γ^* déterminée pour le fullerène **F2** est d'un ordre de grandeur plus élevée que celle déterminée pour la molécule **E**. La valeur de l'écart énergétique HOMO — LUMO calculée par le programme HyperChem pour le fullerène **F2** est égale à 3,3 eV, et pour l'oligothiénylènevinylène **E** elle est de 0,23 eV. C'est la plus petite valeur de cette grandeur en comparaison avec les résultats obtenus pour les autres matériaux étudiés. Les deux matériaux discutés diffèrent quant à la structure chimique et électronique. Pourtant l'étude de ces matériaux a permis d'établir la direction des actions dans la modification des composés afin qu'ils démontrent les propriétés optiques non-linéaires de plus en plus fortes. On a constaté que ces valeurs augmentent lors de l'allongement de la distance entre le groupe donneur et accepteur. S'il s'agit des molécules octupolaires, des molécules dipolaires et des oligothiénylènevinylènes, l'accroissement des propriétés optiques non-linéaires est déterminé par le nombre des liaisons conjuguées π dans la chaîne de vinylène. Le développement de la molécule par l'accroissement du nombre de chaînes latérales qui contiennent les liaison de carbone conjuguées π entraîne une forte délocalisation des électrons sous l'influence de grandes intensités du champ électrique externe. On continue toujours les études des propriétés optiques non-linéaires des matériaux organiques. Les calculs chimiques-quantiques effectués montrent les chemins de la modification de la structure de ces composés qui peuvent entraîner le renforcement des effets optiques non—linéaires du troisième ordre. On prévoit les études expérimentales des matériaux organiques avec les groupes de métaux joints.

Références

1. Kielich S., Acta Phys. Pol., vol. 17, 239 (1958)
2. Kielich S., A. Piekara, Acta Phys. Pol., vol. 18, 439 (1959)
3. Zeldowich B., Popovichev V.I., Raglaskii V.V., Faizullov F.S., J. Exp. Theor. Phys. Lett., vol. 15, 109 (1972)
4. Ralston J.M., Chany R.K., Appl. Phys. Lett., vol. 15, 164 (1969)
5. Thorne J.R.G., Kuebler S.M., Denning R.G., Blake I.M., Taylor P.N., Anderson H.L., Chemical Physics, vol. 248, 181, (1999)
6. Craig G.S.W., Cohen R.E., Schrock R.R., Silbey R.J., Pucetti G., Ledoux I., Zyss J., J. Am. Chem. Soc., vol. 115, 860, (1993)
7. Joachim C., Chem. Phys. Lett., vol. 185, 569, (1991)
8. Morikawa T., Narita S., Shibuya T., Journal of Molecular Structure (Theochem), vol. 618, 47, (2002)
9. Toussaint J. M., Bredas J. L., Synsthetic Metals, vol. 69, 637, (1995)
10. Zyss J. (ED). Molecular nonlinear optics: Materials, Physics and Devices, Academy Press, Boston, (1994)
11. Zyss J., Brasselet S., C. R. Acad. Sci. Paris, t. 1, Série IV, 601, (2000)
12. Petykiewicz J., Wave optics, Wydawnictwo Naukowe PWN, (1992)
13. Petykiewicz J., Wybrane zagadnienia optyki nieliniowej, Politechnika Warszawska, (1991)
14. Kielich S., Podstawy optyki nieliniowej, Wydawnictwo Naukowe Uniwersytetu im. Adama Mickiewicza w Poznaniu, (1973)
15. Kielich S., Molekularna optyka nieliniowa, Wydawnictwo Naukowe PWN, Warszawa – Poznań, (1977)
16. Byer R.I., Parametric oscillator and nonlinear materials; Nonlinear Optics, Academic Press, London, (1977)
17. Ratajczyk F., Optyka ośrodków anizotropowych, Wydawnictwo Naukowe PWN, Warszawa, (1994)
18. Shen Y.R., The Principles of Nonlinear Optics, J. Wiley, New York, (1984)
19. Fisher R.A., Optical phase conjugation, Academy Press, (1983)
20. Lai M. C., Li L., Xie X., Optical and lasers in engineering, vol. 28, 229, (1997)
21. Suzuura H., Svirko Y. P., Kuwata-Gonokami M., Solid State Communications, vol. 108, 289, (1998)
22. Kajzar F., Messier J., J. Phys. Rev. A, vol. 32, 2352, (1985)
23. Morino S., Yamashita T., Horie K., Wada T., Sasabe H., Reactice and functional polymers, vol. 44, 183, (2000)
24. Kasatani K., J. Luminescence, vol. 87, 889, (2000)
25. Cerný P., Zverev P.G., Jelinkovà H., Basiev T.T., Opt. Comm., vol. 177, 397, (2000)
26. Kim H.S., Do-Kyeong K., Lim G., Heon Cha B., Lee J., Opt. Comm., vol. 167, 165, (1999)
27. Boyd R.W., Nonlinear optics, Academic Press, (1992)
28. Kuzyk M., Dirk C., Marcel Dekker, USA, (1998)
29. Nalwa H. S., Hamada T., Kakuta A., Muhok A., Synth. Metals, vol. 55, 3901, (1993)

30. Haken H., Wolf H. C., Fizyka molekularna z elementami chemii kwantowej, Wydawnictwo Naukowe PWN, Warszawa (1998)
31. Bourdin J.P., Nguyen P.X., Rivoire G, Nunzi J.M., Polarisation Properties of the Orientational Response in Phase Conjugation Nonlinear Optics, vol. 7, (1994)
32. Rivoire G., Modern Nonlinear Optics, Part 1, Ed. John Wiley & Sons, (1993)
33. Sahraoui B., Phu N. X., Nozdryn, Cousseau, Synthetic Metals, vol. 115, 261, (2000)
34. Atkins P.W., Molekularna mechanika kwantowa, Wydawnictwo Naukowe PWN, Warszawa (1974)
35. Staring EGJ., Recl. Trav. Chim. Pays-Bas, 110, 492 (1991)
36. Chełkowski A., Fizyka dielektryków, Wydawnictwo Naukowe PWN, Warszawa (1979)
37. Prasaad P. N., Nonlinear optical effects in organic materials, Contemporary nonlinear optics, Acad. Press., (1992)
38. Encyklopedia fizyki współczesnej, Wydawnictwo Naukowe PWN, (1983)
39. Pigoń J. M., Chemia fizyczna, Wydawnictwo Naukowe PWN, (1980)
40. Shimoda K., "Wstęp do fizyki laserów", Wydawnictwo Naukowe PWN, (1993)
41. Albota M.A., Beljonne D., Bredas J.L., Ehrlich J.E., Fu J.Y., Heikal A.A., Hess S., Kogej T., Levin M.D., Marder S.R., McCord-Maughton D., Perry J.W., Rockel H., Rumi M., Subramaniam G., Webb W.W., Wu X.L., XU C., Science, vol. 281, 1653, (1998)
42. Sahraoui B., Chevalier R., Rivoire G., Zaremba J., Sallé M., Opt. Commun, 135, 109 (1997)
43. Miniewicz A., Bartkiewicz S., Sworakowski J., Giacometti J.A. and Costa M.M., Pure Appl. Opt., vol. 7, 709, (1998)
44. Miniewicz A., Bartkiewicz S., Parka J., Opt. Communications, vol. 149, 89 (1998)
45. Sahraoui B., Rivoire G., Degenerate four wave mixing in absorbing isotropic media, Opt. Communications, vol. 138, 109, (1997)
46. Sahraoui B., Praca doktorska nr 239, Uniwersytet Angers, (1996)
47. Wolf E.W., Mandel L., Boyd R.W., Habashy T.M., Nieto-Vesperinas M., J. Opt. Soc. Am. B, vol. 4, 1260 (1987)
48. Petykiewicz J., Optyka falowa, Wydawnictwo Naukowe PWN, (1986)
49. Klingenberg H. H., Riede W., Hall T., Infrared Physics and Technology, vol. 36, 225, (1995)
50. He G. S., Progress in Quantum Electronics, vol. 26, 131, (2002)
51. Rubanov A. S., Optics & Laser Technology, vol. 28, 301, (1996)
52. Maus M., Retting W., Chemical Physics, vol. 218, 151, (1997)
53. Prezhdo O. V., Bykova A. S., Prezhdo V. V., Koll A., Daszkiewicz Z., Journal of molecular Structure, vol. 559, 321, (2001)
54. Abildgaard J., Hansen P.E., Wiadomości chemiczne, vol. 54, 9, (2000)
55. Kołos W., Sadlej J., Atom i cząsteczka, WNT, Warszawa, (1998)
56. Nalejewski R. F, Podstawy i metody chemii kwantowej, Wydawnictwo Naukowe PWN, Warszawa, (2001)
57. McMurry J., Chemia organiczna, Wydawnictwo Naukowe PWN, Warszawa, (2000)
58. Suppon, Chemia i światło, Wydawnictwo Naukowe PWN, Warszawa, (1997)
59. Cumming S.D., Cheng L-T., Eisenberg R., Chem. Mater., vol. 9, 440, (1997)

60. Martineau C., Lemercier G., Andraud C., Optical Materials, vol. 21, 555, (2002)
61. Morel Y., Stephan O., Andraud C., Baldeck P. L., Synthetic Metals, vol. 124, 237, (2001)
62. HyperChem®Release 5.0 for Windows, Getting Started, Canada, (1996)
63. HyperChem®Release 5.0 for Windows, References Manual, Canada, (1996)
64. Čipera J., Podstawy chemii ogólnej, Wydawnictwo Szkolne i Pedagogiczne, Warszawa, (1988)
65. Čipera J., Knor L., Budowa atomu i wiązania chemiczne, Wydawnictwo Szkolne i Pedagogiczne, Warszawa, (1983)
66. Atkins P.W., Podstawy chemii fizycznej, Wydawnictwo Naukowe PWN, Warszawa, (1999)
67. Pajdowski L., „Chemia ogólna", Wydawnictwo Naukowe PWN, Warszawa, (1999)
68. Mastalerz P., „Chemia organiczna", Wydawnictwo chemiczne, Warszawa, (2000)
69. Rosker MJ, Marcy HO., Chang TY., Khoury JT., Hansen K., Whetten, Chem. Phys. Lett., vol. 196, 427, (1992)
70. Lafleur A.L., Howard J.B., Mart J.A., Yadaw T., J. Phys. Chem., vol. 97, 135, (1993)
71. Przygocki W., Włochowich A., Fulereny i nanorurki, WNT, Warszawa, (2001)
72. Yang S.H., Pettiette C.L., Conceicao J., Cheshnovsky, Smalley R.E., Chem. Phys. Lett., vol. 139, 233, (1987)
73. Saunders M., JimenezVazquez H.A., Cross R.J., Billups W.E., Gesenberg C., Gonzalez A., Zuo W., Haddon R.C., Diedeich F., Herrmann A., J. Am. Chem. Soc., vol. 117, 9305, (1995)
74. Włochowich A., Fulereny i nanorurki, WNT, Warszawa, (2001)
75. Couris S., Koudoumas E., Ruth A.A., Leach, J. Phys. B., vol. 28, 4537, (1995)
76. Vincent D., Cruickshank J., Appl. Opt., vol. 36, 7794, (1997)
77. Kafafi Z.H., Bartoli F.J., Lindle J.R., Pong R.G., Phys. Rev. Lett., vol. 68, 2705, (1992)
78. Kajzar F., OkadaShudo Y., Meritt C., Kaffafi Z., Synthetic Metals, vol. 117, 189, (2001)
79. OkadaShudo Y., Kajzar F., Meritt C., Kaffafi Z., Synthetic Metals, vol. 94, 91, (1998)
80. Allard E., Delaunay J., Cheng F., Cousseau J., Ordúna J., Garin J., Organic Letters, Vol. 3, p. 3503-3506, 2001
81. Tokuyama H., Yamago S., Nakamura E., Shiraki T., Sugiura Y., J. Am. Chem. Soc., vol. 115, 7918, (1993)
82. Zhong A. I., Chen C-H., Anderson I. L., Sigman D.S., Foote C.S., Ruben Y., Tetrahedron, vol. 52, 5179, (1996)
83. Fuks-Janczarek I., Dabos-Seignon S., Sahraoui B., Kityk I.V., Berdowski J., Allard E., Cousseau J., Optics Communications, vol. 211, 303, (2002)
84. Sahraoui B, Kityk, I.V., Fuks I., Paci B., Baldeck P., Nunzi J-M., Frere P., Roncali J., J. Chem. Phys, vol. 115, 184, (2001)
85. Martini I. B., Ma B., Ros T., Helgeson R., Wudl F., Schwartz B. J., Chemical Physics Letters, vol. 327, 253, (2000)
86. Reimers J.R., Hush N.S., Chem. Phys., vol. 176, 407, (1993)
87. Nakamura T., Konuma T., Akutagawa T., Synthetic Metals, vol. 86, 1903, (1997)
88. Boulle C., Rabreau J.M., Hudhomme P., Cariou M., Jubault M., Gorgues A, Orduna J., Garin J, Tetraherdron Letters, vol. 38, 3909, (1997)

Référence

89. Kityk IV., Mervinskii RI., Kasperczyk J., Jossi S., Materials Letters, vol. 27, 233, (1996)
90. Sahraoui B, Phu X.N., Kityk, I.V., Hudhomme P., Gorgues A., Nonlinear Optics, vol. 21, 543, (1999)
91. Shinar J., Vardeny Z. V., Kafafi, Optical and electronic properties of fullerenes and fullerene-based materials, Marcel Dekker, New York, (2000)
92. Aviram A., Ratner M.A., Chem. Phys. Letter, vol. 29, 277, (1974)
93. Joffre M., Yaron D., Silbey R.J., Zyss J., J. Chem. Phys., vol. 97, 5607, (1992)
94. Zyss J., Nonlinear Optics: Principles, Materials, Phenomena & Devices, vol. 1, 3, (1991)
95. Zyss J., Chem. Phys., vol. 98, 6583, (1993)
96. Zyss J., in S. Miyata (Eds), Nonlinear Optics: Fundamentals, Materials and Devices North-Holland, Amsterdam, (1992)
97. Zyss J., Ledoux I, Chem. Rev., vol. 94, 77, (1994).
98. Sahraoui B., Phu X. N., M. Sallé, Gorgues A., Optics Lett., vol. 23, 1811, (1998)
99. Prasad P. N., Williams D. J., Introduction Nonlinear Optical Effects in Molecules and Polymers, Wiley, New York (1991)
100. Derkowska B., Mulatier J. C., Fuks I., Sahraoui B., Phu N. X., Andraud C., J. Opt. Soc. Am. B., vol. 18, 610, (2001)
101. Andraud C., Zabulon T., Collet A., Zyss J., Chemical Physics, vol. 245, 243, (1999)
102. Martineau Corinne, Praca doktorska nr 500, Uniwersytet Angers, (2001)
103. Kajzar F., Messiner J., Rosilio C., J. Appl. Phys., vol. 60, 9, (1986)
104. Maloney C., Blau W., J. Opt. Soc. Am. B, vol. 4, 1035, (1987)
105. Messier J., Nonlinear Opt., vol. 2, 53, (1992)
106. Marder S.R., Sohn J.E., Stucky G.D, ACS Symp. Series, The American Chemical Society, Washington DS, vol. 445, (1992)
107. Kamanina N. V., Bagrov I. V., Belousowa I. M., Kognovitskii S. O., Zhevlakov A. P., Opt. Commun., vol. 194, (2001)
108. Venugopal S. R., Naga S., Narayana D., Giribabu L., Bhaskar G., Ravindra G., Optics Comm., vol. 182, (2000)
109. Rao S., et al., Optics Comm., vol. 182, (2000)
110. Wang P., Ming H., Xie J., Zhang W., Optics Comm., vol. 192, (2001)

Oui, je veux morebooks!

i want morebooks!

Buy your books fast and straightforward online - at one of the world's fastest growing online book stores! Environmentally sound due to Print-on-Demand technologies.

Buy your books online at
www.get-morebooks.com

Achetez vos livres en ligne, vite et bien, sur l'une des librairies en ligne les plus performantes au monde!
En protégeant nos ressources et notre environnement grâce à l'impression à la demande.

La librairie en ligne pour acheter plus vite
www.morebooks.fr

OmniScriptum Marketing DEU GmbH
Heinrich-Böcking-Str. 6-8
D - 66121 Saarbrücken
Telefax: +49 681 93 81 567-9

info@omniscriptum.de
www.omniscriptum.de

Printed by Books on Demand GmbH, Norderstedt / Germany